KB116852

우리 우주

우리 우주

1판 1쇄 발행 2021. 6. 4.
1판 2쇄 발행 2023. 4. 10.

지은이 조 던클리
옮긴이 이강환

발행인 고세규
편집 임솜이 디자인 유상현 마케팅 정성준 홍보 장예림
발행처 김영사
등록 1979년 5월 17일 (제406-2003-036호)
주소 경기도 파주시 문발로 197(문발동) 우편번호 10881
전화 마케팅부 031)955-3100, 편집부 031)955-3200 팩스 031)955-3111

값은 뒤표지에 있습니다.
ISBN 978-89-349-8698-0 03440

홈페이지 www.gimmyoung.com   블로그 blog.naver.com/gybook
인스타그램 instagram.com/gimmyoung   이메일 bestbook@gimmyoung.com

좋은 독자가 좋은 책을 만듭니다.
김영사는 독자 여러분의 의견에 항상 귀 기울이고 있습니다.

천문학자의
가이드

우리 우주

조 던클리
이강환 옮김

OUR UNIVERSE
An Astronomer's Guide

김영사

감사의 말

　이 책은 나의 친구이자 에이전트인 레베카 카터Rebecca Carter 덕분에 나올 수 있었습니다. 그녀는 글을 쓰도록 나를 격려하고 이끌어주면서 아이디어를 현실로 만들었습니다. 펭귄북스의 클로이 커렌스Chloe Currens와 톰 펜Tom Penn, 하버드대학 출판부의 이언 맬컴Ian Malcolm은 이 책을 훌륭하게 편집해주었습니다. 이들이 여러가지를 제안해준 덕에 책이 훨씬 더 멋진 꼴을 갖추게 되었습니다. 특별히 끝까지 나를 인도해준 클로이에게 각별한 고마움을 전하며, 나의 미국 에이전트 엠마 패리Emma Parry와 탁월한 펭귄북스 제작팀에게도 감사드립니다.

　나에게 우주에 대한 질문을 던져주고 우주의 경이를 설명하는 즐거움을 발견하도록 도와준 대학 친구들에게 감사드립니다. 그들, 특히 톰 하비Tom Harvey, 루 올리버Lou Oliver, 댄 스미스Dan Smith는 책을 쓰는 동안 제 마음속에 있었습니다. 내가 방문했던 학교의 학생들과 너무나 훌륭한 질문들을 해준 대중강연 참석자들에게도 감사드립니다. 이 책에 포함된, 단순화한 개념들에 대한 많은 아이디어는,

2008년 교육전문가 린지 바르톨론Lindsay Bartolone의 지도로 과학교사 아이린 레빈Ilene Levine과 함께 프린스턴대학에서 천문학 분야 교사 양성 과정을 진행하며 얻었습니다. 이 일을 하도록 독려해준 데이비드 스퍼겔David Spergel에게도 감사드립니다.

내가 2016년까지 몸담았던 옥스퍼드대학 물리학과에도 감사드립니다. 그곳은 학문적인 연구 외에 과학 대중화를 위한 활동에도 참여하도록 해주었습니다. 옥스퍼드대학의 페드로 페헤이라Pedro Ferreira는 연구와 글쓰기를 동시에 할 수 있다는 것을 보여주었습니다. 안드레아 울프Andrea Wulf는 금성의 태양면 통과 여행에 대한 멋진 이야기를 소개해주었습니다. 아이디어와 조언을 준 동료 천문학자 네타 바칼Neta Bahcall, 조지 에프스타시오George Efstathiou, 라이언 폴리Ryan Foley, 웬디 프리드먼Wendy Freedman, 패트릭 켈리Patrick Kelly, 짐 피블스Jim Peebles, 마이클 스트라우스Michael Strauss, 조 테일러Joe Taylor, 조쉬 윈Josh Winn에게 감사드립니다. 덧붙여 프린스턴대학 천체물리학부 대학원생들의 소중한 도움이 없었다면 이 책을 마치지 못했을 것입니다. 고니 할리비Goni Halevi, 브라이아나 레이시Brianna Lacy, 루크 바우마Luke Bouma, 조니 그레코Johnny Greco, 키아나 헌트Qiana Hunt, 루이스 존슨Louis Johnson, 크리스티나 크라이쉬Christina Kreisch, 라클란 랭커스터Lachlan Lancaster, 데이비드 바르타냔David Vartanyan 모두 세부 내용을 확인하는 데 도움을 주었고, 더 나은 책을 만들 수 있도록 이런저런 제안을 해주었습니다.

연구, 글쓰기, 육아 사이의 줄타기가 가능했던 것은 모두 나의 남편 파라 다보이왈라Fara Dabhoiwala 덕분입니다. 그가 글쓰기에서 거둔 성과도 내가 책을 쓰는 데 자극이 되었습니다. 남편과 딸과 수양딸은 나의 인생을 더욱 즐겁게 만들어주었습니다. 그들이 나의 우주입니다.

차례

딸들에게

맑은 날 올려다보는 밤하늘은 반짝이는 별빛과 밝은 달빛으로 눈부시게 아름답다. 더 어두운 곳일수록 별이 더 많이 보인다. 보이는 별은 수십 개에서 수백 개로, 다시 수천 개로 늘어난다. 익숙한 별자리들이 보이고, 별들은 지구의 자전에 따라 천천히 움직인다. 가장 밝게 보이는 것은 별들을 배경으로 매일 밤 다른 위치에 자리하는 행성들이다. 대부분의 빛은 흰색으로 보이지만, 화성의 붉은빛과 오리온자리의 베텔게우스와 같이 붉게 빛나는 별들은 알아볼 수 있다. 아주 맑은 날에는 길게 빛나는 은하수도 볼 수 있고, 남반구에서는 뿌옇게 보이는 두 개의 마젤란 성운도 볼 수 있다.

밤하늘은 아름다움만 느끼게 하는 것이 아니었다. 그것은 오랫동안 전 세계 인류에게 별과 행성들은 무엇이며 어디에서 왔을지, 지구에 있는 우리는 저 위의 하늘이 보여주는 더 큰 그림 속에 어떻게 자리 잡을 수 있을지를 궁금하게 만드는 경외와 신비의 대상이었다. 이런 의문에 답을 찾는 것이 고대 그리스 이후로 철학적인 질문의 핵심이 되어

왔던, 가장 오래된 과학인 천문학이다. '별들의 법칙'이라는 의미를 가진 천문학 astronomy은 지구 대기 밖에 있는 모든 것을 연구하고 그들이 왜 그렇게 행동하는지를 이해하려는 학문이다.

인류는 수천 년 동안 어떤 형태로든 밤하늘의 모습과 변화를 관찰하고 그것을 이해하려고 시도하면서 천문학을 계속해왔다. 인류 역사의 대부분의 시간 동안 천문학의 연구 대상은 달, 태양계의 밝은 행성들, 가까이 있는 별들, 그리고 혜성처럼 잠시 나타나는 것과 같이 맨눈으로 볼 수 있는 천체에 국한되었다. 인류가 망원경을 이용하여 더 깊은 우주를 보면서 다른 행성들의 주위를 도는 위성, 맨눈으로 볼 수 없는 아주 어두운 별, 별들이 태어나고 있는 기체 구름을 연구할 수 있도록 시야를 넓힌 것은 불과 400년밖에 되지 않았다. 지난 세기에 우리 시야는 우리은하 밖으로 이동했고, 그 덕분에 우리은하 너머에 있는 수많은 은하들을 발견하고 연구할 수 있게 되었다. 그리고 지난 몇십 년 동안 이루어진 망원경과 이미지를 포착하는 카메라의 기술적 발전은 천문학자들이 천문학의 시야를 더 넓힐 수 있도록 해주었다. 우리는 이제 수백만 개의 은하를 관측하고, 별의 폭발, 블랙홀의 붕괴, 은하의 충돌과 같은 현상을 연구하며, 다른 별의 주위를 도는 완전히 새로운 행성들을 발견할 수 있다. 그렇게 함으로써 현대 천문학은 우리가 어떻게 여기 지구로 오게 되었는지, 우리가 더 큰 우리의 고향에 어떻게 자리 잡았는지, 먼 미래에 지구의 운명은 어떻게 될 것인지, 다른 생명체의 고향이 될 수 있는 다른 행성이 있는지와 같은 오래된 의문에 대한 답을 계속해서 찾고 있다.

천문학에 대한 최초의 기록은 2만 년도 더 전에 이루어졌는데, 그것은 고대 아프리카와 유럽에서 달력으로 사용한, 여러 위상의 달이 새겨진 뼛조각의 형태를 지니고 있다. 고고학자들은 아일랜드, 프랑스, 인도 등의 나라에서 일식과 월식, 밝은 별의 갑작스러운 등장과 같이 하늘에서 일어나는 특이한 사건들을 기록한 5천 년 된 동굴 벽화들을 발견하였다. 영국의 스톤헨지와 같이 태양과 별을 추적하는 천문대로 사용되었을 가능성이 있는, 비슷한 시기의 고대 유물들도 있다. 천문학에 대한 최초의 문자 기록은 현재의 이라크인 메소포타미아 지역의 수메르인들과 이후의 바빌로니아인들이 남긴 것이다. 여기에는 기원전 12세기에 진흙 판에 새겨진 최초의 별지도가 포함되어 있다. 기원전 수 세기까지 고대 중국과 그리스의 천문학자들도 활발하게 활동했다.

이 최초의 천문학자들은 사용할 수 있는 도구가 자신들의 눈밖에 없었지만, 기원전 수 세기에 바빌로니아인들은 행성의 움직임을 알아차리고 이들을 배경의 고정된 별들과 구별하여 매일 밤 그 위치를 주의 깊게 기록하였다. 그들은 체계적인 천문학 기록을 시작하여 행성의 움직임과,

월식과 같이 밤하늘에서 일어나는 특별한 사건의 규칙성을 발견하게 되었다. 그 천체와 밤하늘에 일어나는 사건이 무엇인지는 아무도 몰랐지만, 그들은 매일 밤 행성들과 달이 어디에서 보일지 예측하는 수학적인 모형을 만들 수는 있었다.

이런 대단한 발전에도 불구하고 그 천체들이 어떤 질서를 가지고 있고 무엇으로 만들어져 있는지는 전혀 알 수 없었다. 무엇이 모든 것의 중심일까? 지구? 아니면 태양? 사실은 어떤 것도 아니라는—우주에는 중심이 없다는—사실은 한참 후에나 알게 되었다. 기원전 4세기, 그리스의 철학자 아리스토텔레스는 플라톤을 포함한 이전의 그리스 천문학자와 철학자들의 생각에 기반하여 지구를 우주의 중심에 두는 모형을 주장했다. 태양, 달, 행성과 별은 지구를 중심으로 하는, 변하지 않고 회전하는 동심원 구들에 고정되어 있었다. 아리스토텔레스는 하늘은 구성 성분이나 행동이 지구와 다르다고 생각했고, 천구들은 다섯 번째의 투명한 원소인 '에테르aether'로 이루어져 있다고 생각했다.

기원전 3세기, 그리스의 천문학자 사모스의 아리스타르쿠스Aristarchus of Samos는 사실은 태양이 모든 것의 중심이며 달을 빛나게 하는 것은 태양에서 나온 빛이라는 다른 제안을 했다. 지동설, 혹은 태양 중심 모형은 행성들의 관측되는 움직임과 밝기의 변화를 더 잘 설명했다. 우리는 지금은 이 모형이 적어도 우리 태양계에서는 정확하다는 사실을 알지만, 아리스타르쿠스의 천문학 아이디어는 그가 살아 있는 동안 부정당했고 받아들여지는 데에도 천 년이 넘게 걸렸다. 지구가 중심인 우주를 이야기하는 천동설의 지지자들에게는 자신들을 지지해주는 강력해 보이는 근거들이 있었다. 예를 들면 이런 것이었다. 지구가 움직인다면 지구의 시점이 변하는데 별들은 왜 상대적으로 그만큼 움직이지 않는가? 사실 별들은 상대적으로 움직이지만 너무나 멀리 있기 때문에 그 움직임이 극히 작다. 아리스타르쿠스는 그렇게 생각했지만 그것을 설명할 방법이 없었다.

잘못된 지구 중심 모형은 기원후 2세기에 살던, 로마 통치의 이집트 알렉산드리아 출신의 권위 있는 학자였던 클라우디오스 프톨레마이오스 Claudius Ptolemy에게 받아들여질 때까지 계속 우세를 유지했다. 그는 최초의 천문학 책 중 하나인 《알마게스트Almagest》를 썼다. 거기에는 48개의 별자리와 밤하늘에서 행성들의 과거와 미래의 위치를 예측할 수 있는 표가 자세하게 기록되어 있었다. 그중 많은 것은 그전에 그리스의 천문학자 히파르쿠스Hipparchus가 정리한 약 1,000개 별의 목록에서 가져온 것이다. 프톨레마이오스는 알마게스트에서 지구가 모든 것의 중심이 되어야 한다고 선언했고, 그의 영향력은 너무나 강해서 그 생각은 수 세기를 지배했다. 《알마게스트》는 이후 오랫동안 중심적인 천문학 교과서가 되었고 이후 세대의 천문학자들에 의해 계속 증보되었다.

중세 동안 천문학에서의 대부분의 발전은 유럽과 지중해에서 먼 곳, 특히 페르시아, 중국, 인도에서 이루어졌다. 964년, 페르시아의 천문학자 압드 알-라흐만 알-수피 Abd al-Rahman al-Sufi는 별자리에 있는 별들을 자세히 정리한 아름다운 그림이 있는 아랍의 교과서 《항성들의 책 Book of Fixed Stars》을 썼다. 그 책은 프톨레마이오스의 《알마게스트》에 있는 별 목록과 별자리를, 별자리 모양에 따라 그린 아랍의 전통적인 상상의 물체나 동물들과 결합시킨 것이었다. 그리고 그 책에는 당시에는 일반적인 별과는 다르게 보이는 뿌연 빛으로 이해되고 있던 우리의 이웃 안드로메다 은하에 대한 최초의 기록도 포함되어 있다. 같은 세기에 그와 동향인인 천문학자 아부 사이드 알-싯지 Abu Sa'id al-Sijzi는 지구가 자전축을 중심으로 자전하고 있다고 제안하여 프톨레마이오스의 고정된 지구 모형에서 한발 전진했다. 페르시아는 1259년에 다분야 학자polymath인 나시르 알-딘 투시 Nasir al-Din Tusi가 아제르바이잔의 언덕에 건설한 연구 센터였던 유명한 마라게 Maragheh 천문대가 있는 곳이기도 했다. 여기에는 그곳에서 자란 천문학자들뿐 아니라 시리아, 아나톨리아, 중국에서 온 다른 천문학자들이 함께 모여 행성의 움직임과 별들의 위치를 자세히 관찰했다.

16세기와 17세기에는 천문학에서 위대한 혁명이 일어났다. 1543년 폴란드의 천문학자 니콜라우스 코페르니쿠스Nicolaus Copernicus는 지구가 자전축을 중심으로 자전할 뿐만 아니라 다른 행성들과 함께 태양의 주위를 돌고 있다고 제안하는 《천체의 회전에 대하여De Revolutionibus Orbium Coelestium》를 출판했다. 그의 생각은 로마 가톨릭 교회의 강한 비난을 받았고 이단으로 간주되었으나, 많은 핵심적인 인물들에게 지속적으로 지지를 받았고, 오랜 시간 동안 이루어진 새로운 관측에 의해 결국에는 받아들여졌다. 급격한 발전은 1600년대 초 망원경의 발명과 함께 시작되었다.

보는 것은 빛 때문에 가능하다. 더 많은 빛을 모을수록 더 먼 우주를 볼 수 있다. 망원경은 사람의 눈보다 훨씬 더 많은 빛을 모으는 그릇으로, 어두운 우주를 더 멀리 들여다보고 우주의 모습을 더 자세히 볼 수 있게 해준다. 1609년에 처음으로 망원경을 하늘로 향하게 한 사람은 이탈리아의 천문학자 갈릴레오 갈릴레이Galileo Galilei다. 그가 직접 만든 것은 하늘을 약 20배 확대해주는 초보적인 망원경이었다. 그 망원경은 목성의 위성을 보여주기에 충분했다. 목성의 위성들은 목성 양쪽에 작은 빛의 점으로 보였고, 목성의 주위를 돌면서 위치가 바뀌었다. 망원경이나 현대의 쌍안경이 없이는 눈에 보이지 않을 정도로 너무 어두워서 이전에는 발견되지 않았던 것이었다.

1610년, 갈릴레오는 자신이 관측한 목성의 위성과 매끈하지 않은 달 표면의 자세한 모습, 그리고 너무 어두워서 맨눈으로는 볼 수 없는 별들의 발견에 대한 내용을 담은

《별들의 사자Starry Messenger》라는 책자를 출판했다. 이 책은 널리 읽혔다. 여기에서 그는 목성 위성의 발견에 힘입어 코페르니쿠스의 관점을 지지했다. 이것은 지구의 주위를 돌지 않는 천체가 있다는 분명한 증거였다. 불행히도 갈릴레오의 증거는 가톨릭교회를 설득하지 못했다. 교회는 여전히 우주에 대한 코페르니쿠스적인 설명에 강하게 반대했고 갈릴레오에게 종신 가택 연금이라는 벌을 내렸다.

교회의 반대에도 불구하고 천문학자들은 계속 발전을 이뤄냈다. 코페르니쿠스와 갈릴레오의 생각을 지지했던 독일의 천문학자 요하네스 케플러Johannes Kepler는 1609년, 모든 행성은 태양의 주위를 길쭉한 타원 모양의 경로를 따라 돈다고 주장했다. 그는 태양에서 행성 사이의 거리와 행성이 태양 주위를 도는 데 걸리는 시간이 서로 연관된 특정한 규칙을 따른다는 것도 발견했다. 태양에서 멀수록 더 긴 시간이 걸리지만 거리와 시간은 같은 비율로 증가하지 않는다. 태양에서 두 배 더 멀리 있는 행성은 태양 주위를 한 바퀴 도는 데 약 세 배 더 긴 시간이 걸린다. 같은 세기인 1687년, 영국의 물리학자 아이작 뉴턴은 그의 유명한《프린키피아Principia》에서 중력에 대한 보편 법칙을 제시하여 왜 이런 규칙성이 나타나는지 설명했다. 그의 법칙은 질량을 가진 모든 물체는 다른 물체를 자신을 향해 끌어당기고, 물체의 질량이 더 크거나 물체가 더 가까이 있으면 대상을 더 강하게 당긴다고 설명한다. 두 배 더 가까이 있으면 당기는 힘은 네 배가 되고, 주위를 도는 시간은 더 적게 걸린다. 그의 법칙은 공통 질량 중심을 도는 태양과 행성들로 케플러가 발견한 규칙성을 설명했고, 하늘에서도 지구와 똑같은 자연의 법칙이 작동한다는 것을 보여주었다. 이제 관측과 이론은 완전히 일치했고, 프톨레마이오스의 천구 모형의 대안이 드디어 전 세계에서 진지하게 받아들여졌다. 지구는 정말로 태양의 주위를 돌고 있었다.

19세기에는 1839년 루이 다게르Louis Daguerre가 사진을 발명하면서 천문학의 두 번째 혁명이 일어났다. 그 전에 천문 관측 기록은 손으로 이루어졌기 때문에 부정확할 수밖에 없었다. 카메라는 천체의 위치와 밝기를 더 정확하게 측정할 뿐만 아니라, 노출을 길게 하여 눈으로 보는 것보다 더 많은 빛을 모을 수 있게 해준다. 1840년에는 영국 출신의 미국인 과학자 존 윌리엄 드레이퍼John William Draper가 처음으로 보름달의 사진을 찍었고, 1850년에는 하버드대학 천문대의 윌리엄 본드William Bond와 존 애덤스 위플John Adams Whipple이 처음으로 베가Vega(거문고자리의 가장 밝은 별로 우리나라에서는 직녀성으로 불린다 – 옮긴이) 별의 사진을 찍었다. 1850년대에는 망원경을 통해 보이는 빛을 여러 파장으로 나누는 기기인 분광기도 발명되었다(2장에서 더 알아볼 것이다). 이런 발전으로 천문학자들은 우리은하에 있는 별의 위치, 밝기, 색을 포함하는 광범위한 목록을 만들 수 있었다.

20세기 초의 천문학자들은 우주를 더 멀리 볼 수 있는 더 큰 망원경을 만들었다. 그리고 알베르트 아인슈타인 Albert Einstein의 상대성이론과 막스 플랑크Max Planck, 닐스 보어Niels Bohr, 에르빈 슈뢰딩거Erwin Schrödinger, 베르너 하이젠베르크Werner Heisenberg 등에 의한 양자역학과 같은 물리학의 핵심적인 발전도 함께 이루어졌다. 이런 새로운 아이디어들은 천문학자들이 우주에 있는 천체들의 성질과 우주 그 자체의 성질을 이해하는 데 큰 발전을 가능하게 해주었다. 이때의 중요하고 획기적인 발견으로는 우리은하가 많은 은하들 중 하나일 뿐이라는 1923년 에드윈 허블Edwin Hubble의 발견과, 별들이 주로 수소와 헬륨 기체로 이루어져 있다는 1925년 세실리아 페인-가포슈킨Cecilia Payne-Gaposchkin의 발견을 꼽을 수 있다(둘 다 1장과 2장에서 알아볼 것이다).

20세기의 기술적인 발전 두 가지는 특별히 언급할 만하다. 둘 다 미국 뉴욕에 있는 벨 전화 연구소, 즉 흔히 벨 연구소Bell Labs로 알려진 연구개발 회사에서 이루어진 것이다. 첫 번째는 우주에 있는 천체들에서 오는 전파를 관측할 수 있다는 1932년 카를 잰스키Karl Jansky의 발견으로, 우주를 향한 완전히 새로운 창을 연 사건이다. 이 창은 이후 1960년대에 다른 눈에 보이지 않는 빛으로도 확장되었다. 두 번째 중요한 발전은 1969년 윌러드 보일Willard Boyle과 조지 스미스George Smith의 CCD 발명이었다. 이 기기는 빛을 전기 신호로 바꾸는 전기 회로를 이용하여 우리에게 친숙한 디지털 사진을 만들어낸다. 휴대폰 디지털카메라를 떠올리면 된다. 이것은 사진필름보다 민감하여 천문학자들이 우주에 있는 더 어둡고 더 멀리 있는 천체의 사진을 찍을 수 있게 해준다(윌러드 보일과 조지 스미스는 이 공로로 2009년 노벨 물리학상을 수상했다 - 옮긴이).

천문학에서의 기술, 이론, 그리고 계산능력의 엄청난 발전은 불과 몇십 년 만에 우리의 지식을 지금과 같은 상태로 만들어주었다. 우리는 이제 관측 가능한 우주의 끝까지 볼수 있고, 우리은하 밖에 있는 수백만 개의 은하들을 발견했으며, 우리은하에서 우리의 태양계가 어떻게 여기에 있게 되었는지에 대해 논리적으로 설명할 수도 있다. 우주에 대한 현재의 이해에 이르기까지의 여정과 우리가 지금 이해하고 있는, 멋있고 이상한 많은 것들이 이 책의 주제다.

천문학이 다루는 범위가 넓어지면서 천문학자의 성격도 바뀌어왔다. '천문학자'는 여전히 하늘에서 보는 것을 연구하고 설명하는 사람들을 부르는 가장 포괄적인 호칭이지만 다른 호칭도 있다. 우리들 중 일부는 스스로를 '천문학자'가 아니라 '물리학자'라고 부른다. 흔히 구별하기로는 천문학자는 하늘을 연구하며 우주에 있는 것들을 관측하는 과학자를, 물리학자는 우주에 있는 것을 포함한 대상들이 어떻게 행동하고 상호작용하는지를 설명하는 자연의 법칙을 발견하는 데 관심이 있는 과학자를 말한다. 이 두 종류의 과학자들은 겹치는 부분이 아주 많고, 둘 사이의 경계를 정의하는 확실하고 단순한 방법은 없다. 우리 중 많은 이들은 천문학자이자 물리학자이고, 두 과학의 경계에서 연구하는 사람들을 부르기 위해 '천체물리학자'라는 호칭도 종종 사용된다. 그리고 어떤 의문에 답하기 위해 연구를 하느냐에 따라 천문학자들을 여러 종류로 분류하기도 한다. 어떤 사람은 별의 내부 기작에, 어떤 사람은 은하 전체가 어떻게 자라고 진화했는지에 초점을 맞춘다. 우주 전체의 기원과 진화에 대한 의문을 다루는 우주론이라는 분야도 있다. 가장 빠르게 성장하고 있는 천문학 분야는 우리 태양이 아닌 다른 별의 주위를 도는 외계행성을 연구하는 분야다.

현대에는 전문 천문학자도 있고 아마추어 천문학자도 있다. 과거에는 이 둘 사이의 구별이 덜 명확했다. 프톨레마이오스, 코페르니쿠스, 갈릴레오 모두 다양한 주제를 연구했다. 그들과 그들의 계승자들은 천문학뿐만 아니라 식물학, 동물학, 지질학, 철학, 문학 등 다양한 주제를 다뤘다. 지금은 천문학의 새롭고 중요한 발견들은 개인이 소유하기에는 너무 비싸고 대체로 개인이 다루기에는 너무 큰 전문가 수준의 망원경으로만 이루어질 수 있다. 그리고 이런 망원경을 통해서 보이는 현상들을 자세히 설명하기 위해서는 오랜 훈련이 필요하다. 이것은 우주 연구 외에는 생계를 위한 다른 일을 거의 하지 않는 직업 천문학자들이 필요하다는 사실을 의미한다. 우리는 대학과 정부와 점점 많아지고 있는 독지가들의 지원을 받는다. 시간이 지나면서 우리의 인력 구조도 바뀌어서 지금은 예전 어느 때보다도 여성이 많다.

하지만 직업 천문학자들뿐 아니라 아마추어 천문학자들이 할 수 있는 역할도 여전히 있다. 작은 망원경은 특정한 관측, 특히 갑자기 일어나는 특이한 사건을 추적하기 위해 하늘을 빠르게 관측할 필요가 있을 때 아직 이용 가치가 있다. 큰 망원경으로 찍어서 온라인에 올려놓은 사진들을 이용하여 천체들을 분류하는 일에도 아마추어 천문학자들이 큰 도움이 된다. 작은 규모의 직업 천문학자 그룹에서 처리하기에는 데이터가 너무 많은 경우가 종종 있고, 모양을 주의 깊게 구별해야 할 때, 특히 특이한 모양일 경우에는 아직 컴퓨터보다 사람이 더 나은 경우가 많다. 지난 수십 년 동안 아마추어 천문학자들은 다른 별의 주위를 도는 완전히 새로운 행성들과 예상치 못한 새로운 형태의 은하들을 발견했다.

우리의 시야가 우리 태양계와 가까이 있는 별들을 넘어가면서 현대 천문학은 이제 공간적으로뿐만 아니라 시간적으로도 엄청나게 확대되었다. 우리는 빛을 통해 우주에 접속한다. 우리는 먼 곳에서 빛이 도착하기를 기다리고, 우주에 있는 물체가 빛을 만들어내거나 다른 광원에서 나온 빛을 반사하기 때문에 그것을 볼 수 있다. 우리는 그 빛이 처음 출발했던 때의 모습을 본다. 이것은 우리가 관측하는 하늘에 시간이라는 하나의 차원을 더해준다. 빛은 엄청나게 빠르게 이동한다. 경주용 자동차보다 천만 배 더 빠르다. 당신이 몇 미터 떨어진 곳에 있는 불빛을 본다면 엄청나게 짧은 시간 전의 과거의 빛을 보는 것이 된다. 빛의 속도가 이 정도 거리에서는 별로 의미가 없다. 하지만 약 38만 킬로미터 거리에 있는 달을 본다면 지구에 도착하는 데 걸리는 시간인 1초 전의 달빛을 보는 것이다. 우리에게 도착하는 태양 빛은 8분 전의 빛이다. 별빛은 이보다 훨씬 더 오래전의 빛이다. 가장 가까운 이웃 별에서 오는 빛도 우리에게 도착하는 데 4년이 걸린다. 우리가 별들을 보면 우리는 과거를 보고 있는 것이다.

　이것은 대단한 선물이다. 우리는 아주 오래전의 우주를 볼 수 있는 것이다. 더 멀리 있는 빛을 볼수록 우리는 더 먼 과거를 볼 수 있다. 당신이 오리온자리에서 빛나는 밝은 베텔게우스를 본다면 당신은 시간을 600년 이상 과거로 돌린 것이다. 이 별의 붉은빛은 중세 시대에 지구를 향해 여행을 시작했다. 오리온의 벨트에 있는 별들(삼태성)은 훨씬 더 멀리 있다. 오랫동안 인류에게 익숙한 이들의 빛은 우리에게 도착하기 위해 적어도 1,000년을 날아왔다. 이것은 우리에게 우주의 역사를 이해할 수 있는 기회가 주어졌다는 것을 의미한다. 우리가 수천 년이나 수백만 년, 혹은 수십억 년 전 과거의 우주를 볼 수 있기 때문이다. 이 과거를 볼 수 있는 가능성은 인류가 처음 별을 바라볼 때부터 존재하고 있

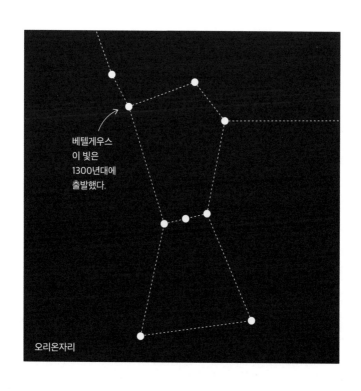

베텔게우스
이 빛은
1300년대에
출발했다.

오리온자리

그림 0.1
오리온자리의 별들. 이들의 빛은 우리에게 도착하기까지 수백 년을 여행했다.

었지만, 우리가 우리은하 너머를 볼 수 있게 된 지난 세기가 되어서야 천문학의 핵심 요소가 되었다.

시간과 공간이라는 두 측면에서 이루어진 우주의 엄청난 확장은 현대 천문학을 감당하기 어려울 정도로 보이게 만들 수 있다. 우주는 너무나 광대하기 때문에 거리를 표시하는 숫자의 의미가 없어질 위험이 있다. 0이 너무 많은 숫자는 처리하기가 어렵다. 이 문제를 해결하기 위해 우리는 우주의 다양한 스케일을 이해하기 쉽게 만드는 방법을 찾고, 문제를 단순화시켜 세부적인 것을 무시하기도 한다. 우리는 우주의 일부, 특히 우리 태양계를 이해하는 데 초점을 맞추고, 여기에서 배운 것을 적절해 보이는 다른 곳에 적용시킨다. 우리는 우주 대부분을 자세히 이해하지 못해도 만족한다. 하지만 먼 우주에도 특별히 흥미롭고 아주 자세하게 알아야 할 가치가 있는 곳들이 있다. 예를 들면 지구와 닮았을 수 있는 다른 별 주위의 행성들이나, 거대한 블랙홀들이 충돌하고 있는 은하들이나, 오래된 별의 폭발과 같은 것이다.

이 책은 우리 우주에 대한 책이다. 우주는 우리가 알고 있는 공간 전체에 붙이는 이름이다. 그곳은 우리가 망원경으로 볼 수 있는 공간이거나, 우리가 볼 수 있는 부분과 물리적으로 연결되어 있다고 생각하는 공간이다. 이 책은 우리가 우주가 무엇이라고 생각하는지, 그리고 우주 전체와 그 우주 안에 있는 모든 것에 대해서 생각한다는 것이 무슨 의미인지 이야기해줄 것이다. 이 책은 지구에 있는 우리가 어떻게 더 큰 공간 안에 자리 잡고 있는지 말해줄 것이다. 이 책은 우리의 행성 지구가 어떻게 여기에 있게 되었는지, 그리고 더 큰 우리 우주의 미래가 어떻게 될 것인지에 대한 개괄적인 이야기도 해줄 것이다.

하지만 우주의 처음에 대한 이야기부터 시작하지는 않을 것이다. 그곳은 조금 생소한 곳이기 때문이다. 대신 지금 여기, 이 지구에서 보는 관점에서 시작할 것이다. 1장에서 우리는 공간을 순서대로 놓을 것이다. 밤하늘을 깊이 들여다보면 우리는 우주에 있는 천체들이 무작위로 흩어져 있지 않다는 것을 알 수 있다. 가장 작은 것에서부터 가장 큰 것까지 함께 자리 잡는 분명한 규칙성을 가지고 있다. 우리는 행성의 주위를 도는 위성부터 별의 주위를 도는 행성과 소행성, 별들이 모인 은하, 그리고 아마도 우주에서 가장 큰 대상인 큰 은하단까지 단계별로 올라갈 것이다. 우리는 이 우주의 규칙성 속에서 지구가 어디에 자리 잡고 있는지 알아보고 우주의 규모가 얼마나 되는지 감을 잡아볼 것이다.

2장에서는 별에 대한 이야기와 별이 어떤 일생을 살아가는지를 알아볼 것이다. 어떤 별은 우리 태양과 아주 유사하지만, 아주 다른 일생을 보내는 별도 많다. 우리는 별이 어떻게 스스로 빛을 만드는지 알아보고 새로운 별이 태어나는 별들의 요람을 찾아볼 것이다. 우리는 우리 태양의 삶과

운명, 그리고 일생의 마지막을 격렬한 폭발로 마감하는 가장 큰 별들의 좀 더 극적인 삶을 알아볼 것이다. 이런 별들 중 상당수는 빛의 탈출을 결코 허용하지 않는 블랙홀로 끝을 맺는다. 다른 별들 주위에서 발견되고 있는 놀랍도록 다양하고 새로운 세계에 대해서도 알아볼 것이다.

3장에서는 우리의 눈이나 망원경, 심지어 다른 종류의 빛을 관측하는 망원경으로도 볼 수 없는 암흑의 대상들을 만날 것이다. 이것은 백 년도 되지 않은 발견이고, 우주가 무엇이며 무엇으로 구성되어 있는지에 대한 우리의 이해를 바꾸어놓았다. 우리는 이것을 이해하기 위하여 열심히 연구하고 있다. 이것은 밝게 빛나는 모든 것에 엄청난 영향을 미치기 때문이기도 하고, 자연의 기본 재료의 일부로 생각되기도 하기 때문이다.

4장에서는 우주가 오랫동안 변해왔다는 사실을 알아볼 것이다. 우리은하 밖에는 수많은 은하가 있고, 이 은하들은 모두 우리에게서 멀어지고 있는 것처럼 보인다. 우리는 우주가 커지고 있고 과거의 어떤 시간에서는 어떤 종류의 시작이 있었을 것이라는 피할 수 없는 결론에 도달하게 된다. 우리가 빅뱅이라고 부르는 것 말이다. 우리는 이제 과거 거의 모든 시간 동안 일어난 우주의 진화를 추적할 수 있고, 그 시작이 언제였는지 계산할 수도 있다. 우리는 공간 그 자체가 모양을 가지고 있다는 아이디어와, 우리 우주가 무한히 크다는 사실을 발견할 가능성과도 만나게 될 것이다.

마지막 장은 우주 역사의 요약본이다. 우리는 최초의 순간부터 현재까지 우주의 일생을 살펴볼 것이다. 우주가 시작되던 순간 새겨진 작은 흔적들이 수십억 년 후 우리 태양계의 집인 우리은하와 같이 별들로 가득 찬 은하들로 바뀌었다. 우리는 우주가 어떻게 진화해왔는지를 재구성해보는 컴퓨터 시뮬레이션과 관측 결과들을 결합하여 무슨 일이 있어났는지를 이해한다. 우리의 태양과 지구는 우주가 지금 나이의 3분의 2 정도의 나이였을 때 만들어졌고, 우리 은하는 훨씬 더 일찍 만들어졌다. 이것을 살펴본 다음 우리 근처의 우주와 우주 전체에 무슨 일이 일어날지 알아볼 것이다.

우리는 망원경과 컴퓨터의 기술력이 전례없이 뛰어난 시대에 살고 있다. 우리는 살아 있는 동안 천문학의 많은 중요한 의문들에 대한 답을 향해 크게 도약할 수 있기를 바란다. 우리는 생명체가 있다는 신호를 보이는 행성들을 찾아내고, 우주의 보이지 않는 부분이 무엇으로 이루어져 있는지 발견하고, 우주 자체가 어떻게 커지기 시작했는지 알아낼 것이다. 우리는 천문학의 방향을 다시 한번 바꿀 수 있는, 전혀 예상하지 못한 무언가를 발견할 수도 있다.

1장

우주에서 우리의 위치

여기 지구에서 우리의 위치는 건물, 도로명, 도시, 국가, 대륙, 그리고 북반구 혹은 남반구로 나타낼 수 있다. 물론 우리는 그보다 더 큰 어떤 것의 일부이기도 하다. 우리의 지평선을 계속 넓혀나가 훨씬 더 큰 이곳, 우리의 우주에서 우리가 어떻게 자리 잡고 있는지 이해해볼 수 있다. 이 장에서는 우리가 볼 수 있는 물리적 한계에 닿을 때까지 최대한 멀리 나가볼 것이다. 그리고 지구는 생명체가 등장할 수 있는 우주의 많은 장소 중 하나일 뿐이라는 사실을 알게 될 것이다.

　　우리의 행성 지구는 하루에 한 번 자전을 하고 1년에 한 번 태양의 주위를 돈다. 북극은 약간 기울어져 있기 때문에 북반구는 여름 동안에 햇빛을 정면이나 정면에 가까운 방향으로 받게 된다. 그 기간에는 태양 빛이 북반구를 집중적으로 비추기 때문에 북반구에서는 햇빛을 강하게 느끼게 된다. 6개월 후에는 남반구가 태양을 향하고 북반구는 반대쪽으로 기울어지기 때문에 북극은 어둠에 빠진다.

　　지구의 지름은 약 13,000킬로미터인데, 이것은 고대 그리스의 학자 에라토스테네스가 이집트에서 2,000년도 더 전에 알아낸 것이다. 지구는 오렌지처럼 곡면을 이루고 있기 때문에 한 사람의 그림자 길이는 그가 얼마나 남쪽이나 북쪽에 있느냐에 따라 달라진다. 에라토스테네스는 하짓날 정오에 시에네에서는 태양이 머리 바로 위에 온다는 사실을 알았고, 그래서 그는 약 1,000킬로미터 북쪽에 있는 알렉산드리아로 가서 같은 하짓날 정오에 그림자의 길이를 측정했다. 두 도시 사이의 거리와 그림자를 만드는 물체의 높이를 알고 있으면, 알렉산드리아의 그림자 길이는 오직 지구의 크기에 의해서만 결정된다. 지구의 크기가 작아질수록 두 도시 사이는 더 많이 휘어지는 곡면을 이룰 테니 그림자의 길이도 덩달아 길어진다. 이 간단한 방법으로 에라토스테네스는 지구의 크기를 실제 값의 10퍼센트 이내의 오차로 알아냈다. 당시로서는 대단한 성과였다.

우주에 있는 것 중 지구의 가장 가까운 이웃은 달이다. 달은 한 달에 한 번씩 우리 주위를 돌며, 바닷물을 끌어당길 정도로 가까이 있기 때문에 지구의 자전에 따라 대략 하루에 두 번씩 밀물과 썰물을 일으킨다. 달에서 지구까지의 거리는 약 40만 킬로미터로, 태양계의 다른 어떤 행성들보다 훨씬 더 가까이 있다. 지구를 농구공 크기로 축소시키면 달은 오렌지 정도의 크기로, 농구 코트 안에 딱 맞게 들어가는 크기의 원형 궤도로 농구공의 주위를 돈다. 달의 크기와 달까지의 거리는, 달이 태양과 지구 사이를 정확하게 지

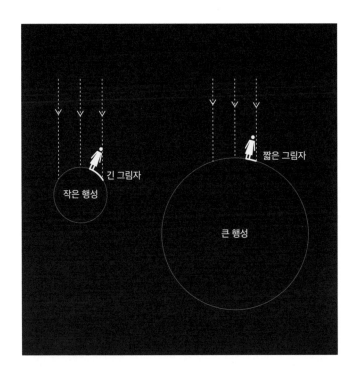

짧은 그림자

긴 그림자

작은 행성

큰 행성

그림 1.1
작아서 더 많이 휘어진 행성에서는 그림자가 더 길어진다. 에라토스테네스
는 이 방법을 이용하여 2,000년도 더 전에 지구의 크기를 계산했다.

나가면 잠시 동안 태양 빛을 완전히 가리는 환상적인 일식을 일으키기에 딱 맞다. 이것은 정말 놀라운 우연이다. 달은 태양보다 400배 작지만 400배 가까이 있기 때문에 달과 태양은 하늘에서 같은 크기로 보인다. 하지만 일식과 월식은 드물게 일어난다. 지구를 도는 달의 궤도면과 태양을 도는 지구의 궤도면이 평행하지 않기 때문이다. 만일 나란했다면 일식과 월식은 매달 일어났을 것이다.

달은 워낙 가까이 있기 때문에 인간이 간 적도 있다. 이후 반세기 동안은 가지 않았지만 말이다. 불과 20여 명의 사람들만이 전설적인 아폴로 우주선으로 달까지 여행을 했고, 그중에서 달에 내린 사람은 12명에 불과하다. 달 위를 걷는 것은 지구에서와는 완전히 다른 경험이었을 것이다. 달은 아주 작기 때문에 중력이 당기는 힘이 지구의 중력보다 6배나 약해서 우주복의 방해만 없다면 다른 사람의 머리 위로 뛰어오를 수도 있을 것이다. 거추장스러운 장비를 걸치고도 아폴로 우주비행사들은 달 위를 가볍게 뛰어다니는 모습을 보여주었다.

달의 뒷면은 지구에 있는 우리에게 영원히 숨겨져 있다. 달은 언제나 한쪽 면을 지구로 향하며 한 달에 한 번씩 지구를 도는 동안 한 바퀴만 자전한다. 1년에 한 번씩 태양 주위를 도는 동안 하루에 한 바퀴씩 자전을 하는 지구와는 상당히 다른 방식이다. 달은 약 50억 년 전에 태어난 지구와 나이가 거의 같다. 가장 유력한 학설은 막 태어난 지구

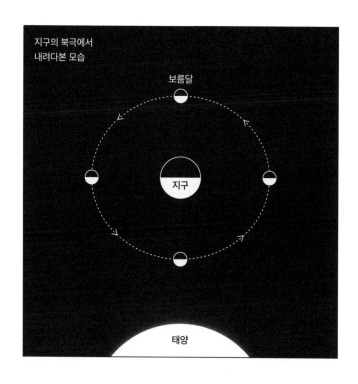

그림 1.2

달은 지구 주위를 돌면서 한쪽만 태양에 의해 빛난다. 지구에서 이렇게 빛나는 부분을 얼마만큼 볼 수 있는지는 달의 위치에 따라 달라진다.

와 행성 크기의 다른 물체가 충돌하여 생긴 잔해가 모여서 달이 되었다는 것이다. 천문학자들은 이 사건이 실제로 일어났는지 확신하지는 못하지만, 만일 실제로 그랬다면 달은 처음에는 지금보다 지구에 훨씬 더 가까이 있어서 하늘에서 훨씬 더 크게 보였을 것이다. 첫 수백만 년 동안 젊은 달은 지구 주위를 돌면서 빠르게 자전하며 양쪽 면을 모두 보여주었을 것이다.

밀물과 썰물은 달이 지구 주위를 돌면서 만들어낸다. 달이 가까운 쪽의 바닷물을 당기는 중력은 달이 지구의 중심부를 당기는 중력보다 더 강하기 때문에 달에 가까운 쪽의 수위가 올라간다. 달에서 가장 먼 지구 반대편의 바닷물에도 같은 효과가 일어난다. 그곳의 바닷물은 달이 지구 중심부를 당기는 힘보다 약한 중력으로 당겨지기 때문이다. 그래서 지구가 한 번 자전할 때마다 대부분의 장소에서 두 번의 밀물이 생긴다. 달에는 바다가 없지만 지구가 당기는 중력은 달에 비슷한 효과를 일으켜 달을 지구 방향으로 살짝 길쭉하게 만든다. 달이 더 빠르게 돌던 초기에 지구의 중력이 달을 지구 방향으로 길쭉하게 만들어 수백만 년에 걸쳐서 자전 속도를 줄인 끝에, 달은 지금처럼 한쪽만 지구를 향하고 반대쪽은 보이지 않게 된 것이다.

달의 중력도 지구의 자전에 같은 효과를 주어서 지구의 자전 속도를 백만 년에 15초씩 느리게 만들고 있다. 지구의 초기 생명체에게 낮은 고작 몇 시간이었을 테고, 아주 먼 미래에는 지구의 자전이 너무 느려져서 한쪽 면만 영원히 달을 향하게 될 것이다. 그리고 지구의 자전은 달이 지구 주위를 도는 것보다 빠르게 이루어지기 때문에 지구의 길쭉한 부분은 달보다 약간 앞서서 움직인다. 이것은 달을 조금 더 빠르게 끌어당기기 때문에 달이 지구 주위를 도는 궤도를 조금씩 크게 만든다. 결과적으로 달은 매년 몇 센티미터씩 지구에서 멀어지고 있다.

달은 하늘에서 너무나 밝게 빛나기 때문에 우리는 달이 스스로 빛을 내지 않는다는 사실을 잊기 쉽다. 달은 태양에 의해 빛나는데 태양은 달의 한쪽 면밖에 비추지 못한다. 그리고 빛나는 쪽이 항상 지구를 향하지는 않는다. 지구를 중심으로 달이 태양의 반대편에 있으면 둥근 보름달이 된다. 달이 지구 주위를 도는 한 달 동안 우리는 달의 빛나는 쪽의 일부밖에 볼 수 없고 얼마 동안은 전혀 볼 수 없다.

우리는 달이 하나인 것에 너무 익숙해져 있어서 이게 보통이라고 여긴다. 하지만 우리 태양계 내에서조차도 이것은 전혀 일반적이지 않다. 목성과 토성에는 60개가 넘는 달이 있다. 우리의 바깥쪽 이웃인 화성에는 두 개의 달이 있고, 안쪽 이웃인 수성과 금성에는 달이 하나도 없다. 하나뿐인 우리의 달은 우리의 생활환경을 구성한다. 달이 없었다면 밀물과 썰물도 없었을 테고, 하루는 훨씬 더 짧았을 것이며, 규칙적인 계절의 변화도 아마 분명히 엉망이 되었을 것이다. 지구 자전축의 기울기를 일정하게 만들어주는 것이 바로 달의 인력이기 때문이다. 아주 먼 미래에 달이 지구에서 훨씬 더 멀어지면 지구가 더 크게 흔들려서 태양의 주위를 도는 지구의 자전축의 기울기는 예측할 수 없게 될 것이다.

지구와 달에서 더 먼 우주로 나가면 우리의 별 태양을 중심으로 여러 종류의 천체들로 구성된 태양계를 만나게 된다. 태양은 당연히 누구나 잘 알고 있고, 태양 주위를 도는 행성들도 적어도 이름 정도는 대부분의 사람들이 알고 있다. 그리고 소행성, 혜성, 왜소행성과 수많은 작은 조각들도 태양 주위를 돌고 있다.

이렇게 많은 것들이 있지만 태양계는 놀라울 정도로 텅 비어 있다. 이것은 감을 잡기가 쉽지 않다. 책에 그리는 그림으로는 실제 규모를 표현하기가 어렵기 때문이다. 이것을 쉽게 상상하는 방법은 지구를 몇 밀리미터의 작은 후추열매 크기로 축소하는 것이다. 지구가 이렇게 작아지면 100배 큰 태양은 농구공 크기가 된다. 농구공-태양에서 지구가 얼마나 떨어져 있을지 짐작해보라고 하면 아마도 상당히 가까운 곳을 예상할 것이다. 하지만 후추열매-지구까지 가려면 큰 보폭으로 26걸음을 걸어 테니스장 길이만큼을 가야 한다. 태양과 지구 사이에는 작은 행성인 수성과 금성밖에 없는데, 이 모형에서 수성은 농구공에서 10걸음 떨어진 곳에, 후추열매 크기의 금성은 19걸음 떨어진 곳에 있다.

태양에 대한 지구의 크기를
점으로 표시했다.

그림 1.3
태양과 비교한 지구의 크기

바깥쪽에 있는 이웃 행성들까지 가려면 상당히 많이 걸어야 한다. 후추열매 절반 크기의 화성은 지구에서 14걸음을 더 가야 한다. 큰 포도알만 한 가장 큰 행성인 목성은 약 100걸음을 더 가야 한다. 목성은 태양에서 지구까지의 5배 멀리, 그러니까 사이에 테니스장 5개가 있는 만큼 태양과 떨어져 있다. 태양과 지구 사이의 거리보다 10배 멀리 있는 도토리 크기의 토성까지는 다시 100걸음 이상을 더 가야 한다. 천왕성은 태양에서 지구까지의 20배만큼, 해왕성은 30배만큼 멀리 있다. 천왕성과 비슷한 건포도 크기의 해왕성은 농구공-태양에서 약 800미터 떨어져 있다. 그 정도 거리면 800걸음 정도로, 거의 10분을 걸어야 한다. 이 행성들은 모두 한 손으로 충분히 쥘 수 있다. 그리고 태양계의 나머지 공간은 거의 완전히 텅 비어 있다.

　사람들은 행성들이 모두 일직선상에 수성, 금성, 지구, 화성, 목성, 토성, 천왕성, 해왕성 순서로 나란히 서 있는 모습을 흔히 상상하지만 당연하게도 그렇지는 않다. 특정한 순간에 행성들은 모두 태양의 주위를 도는 과정에서 다른 위치에 있다. 태양의 주위를 도는 속도도 다르고, 태양에서 더 멀리 있을수록 태양 주위를 도는 시간—공전 주기—도 더 길어진다. 수성의 1년은 지구의 3개월밖에 되지 않는다. 화성의 1년은 지구의 약 2배고, 토성은 약 30배다. 태양계 밖으로 갈수록 생일은 드문 기념일이 된다.

　밤하늘에서 행성들의 위치는 태양의 주위를 돌면서 계속

변한다. 맨눈으로는 그중 수성, 금성, 화성, 목성, 토성 5개를 볼 수 있다. 더 멀리 있는 천왕성과 해왕성은 너무 어둡다. 이 5개의 행성은 배경이 되는 별에 대해서 매일 밤 위치가 바뀐다. 가끔씩 신기하게도 서로 가까이 있는 것처럼 보이는 행성들이 있지만 그것은 그저 지구에서 보이는 모습일 뿐이다. 화성과 목성이 밤하늘에서 바로 옆에 있는 것처럼 보일 때도 목성은 화성보다 몇 배나 더 멀리 있다. 행성들의 속도가 다르기 때문에 지구 안쪽에 있는 행성과 바깥쪽에 있는 행성이 해뜨기 직전이나 해가 진 직후에 동시에 보이는 경우가 있다(안쪽에 있는 행성은 해뜨기 직전이나 해가 진 직후에만 보이기 때문이다 - 옮긴이). 아주 드물게는 5개 행성 모두가 하늘에서 동시에 보이기도 한다.

　행성은 하늘에서의 움직임뿐만 아니라 반짝임으로도 별과 구별할 수 있다. 일반적으로 행성은 별보다 훨씬 덜 반짝인다. 별이나 행성의 반짝임은 지구 대기의 온도 변화 때문에 생긴다. 빛은 우리 눈으로 오는 도중에 공기 분자에 의해 굴절되는데, 이것이 우리에게는 별이 계속해서 조금씩 움직이는 것처럼 보인다. 이렇게 움직이는 것이 우리 눈에는 반짝이는 것처럼 보인다. 행성에서 오는 빛도 같은 방식으로 움직이지만 행성들은 별보다 훨씬 더 가까이 있기 때문에 하늘에서 더 크게 보인다. 행성은 표면의 여러 부분에서 오는 빛이 여러 방향으로 굴절되기 때문에 전체적인 반짝임은 줄어들게 된다.

우리는 태양계의 크기를 알고 있는 것을 당연하게 여기지만, 지구와 태양 사이의 거리를 구하고 여기에서 출발하여 모든 행성들까지의 거리를 구하기 위해서는 오랜 시간 동안의 노력과 행성들이 적절하게 배치되는 아주 드문 상황이 필요했다. 최초의 믿을 만한 거리 측정은 1761년과 1769년 두 번에 걸쳐 금성이 정확하게 지구와 태양 사이를 지나가는 식 현상이 일어나는 동안 이루어졌다. 이것은 용감한 모험과 국제적인 과학 협력, 그리고 혜성 이름으로 유명한 옥스퍼드대학의 천문학자 에드먼드 핼리Edmund Halley의 놀라운 예측이 결합된 멋진 이야기다.

금성의 식 현상은 한 세기에 두 번 이하로 일어나는 매우 드문 현상이다. 금성과 지구가 같은 평면에서 태양 주위를 돌지 않기 때문이다. 금성은 지구와 태양 사이를 상당히 자주 지나가지만 우리가 태양을 보는 시선 사이로 바로 지나가지는 않는다. 수성과 금성이 모두 1631년에 태양 앞을 지나가면서 식 현상을 일으킬 것이라고 처음으로 계산하여 예측한 사람은 천문학자 요하네스 케플러Johannes Kepler였다. 그의 예측은 정확했지만 케플러는 1630년에 사망했기 때문에 그것을 확인하지는 못했다. 다음 몇 년 동안 영국의 천문학자 제러마이아 호록스Jeremiah Horrocks는 금성의 식 현상이 8년 간격으로 짝을 지어 일어난다는 사실을 알아냈다. 그런데 그는 1639년 두 번째 식이 일어나기 불과 한 달 전에 계산을 끝냈기 때문에 하마터면 늦을 뻔했다. 하지만 다행히 너무 늦지는 않아서 자신의 예측을 바탕으로 준비하여 금성이 태양을 가리는 식 현상을 랭커셔에 있는 자신의 집에서 관측하는 데 성공했다.

1677년, 에드먼드 핼리는 대서양의 세인트헬레나섬으로 가서 남반구에서만 볼 수 있는 별의 지도를 그렸는데, 그곳에서 수성이 태양 앞을 지나가는 식 현상을 목격했다. 여기에 자극을 받은 그는 연구를 통해 금성의 식 현상이 태양계의 크기를 측정하는 열쇠를 제공해준다는 사실을 알아차렸다. 그의 방법은 시차를 이용하는 것이었다. 시차는 팔의 길이를 재는 방법으로 쉽게 이해할 수 있는 개념이다. 팔을 뻗어 한쪽 눈을 감고 멀리 있는 벽에서 엄지손가락이 어디에 있는지 확인한다. 그리고 반대쪽 눈을 감으면 손가락이 옆으로 움직이는 것처럼 보인다. 이 움직임을 시차라고 한다. 이렇게 하면 팔의 길이를 직접 재지 않고도 손가락이 얼마나 멀리 있는지 알 수 있다.

팔이 짧아진 것처럼 손가락을 눈에 가까이 가져와 다시 해보면 손가락이 옆으로 더 많이 움직이는 것처럼 보인다. 여기에는 팔이 짧을수록 손가락이 옆으로 더 많이 움직인다는 규칙성이 있다. 손가락이 옆으로 움직인 정도를 눈에서 손가락까지의 두 직선이 이루는 각도로 측정하면 편하다. 제자리에서 한 바퀴를 회전하면 손가락은 360도를 움직인다. 양쪽 눈을 바꾸면서 보면 손가락은 손가락 너비의 한두 배 정도만큼 옆으로 움직이는 것처럼 보일 것이다. 참고로 팔만큼의 길이에 있는 엄지손가락 양쪽 끝 사이의 각도는 2도 정도가 된다.

몇 센티미터 정도인 두 눈 사이의 거리를 알면 삼각 측량법을 사용해서 팔의 길이를 알아낼 수 있다. 직각삼각형의 한 변의 길이와 각 하나의 크기를 알면 다른 두 변의 길이를 알아낼 수 있다. 여기서는 등을 맞대고 있는 두 개의 직각삼각형이 있다. 직각삼각형의 짧은 변의 길이(눈과 콧등 사이의 거리)는 각각 4센티미터다. 양쪽 눈을 바꿀 때 손가락이 움직이는 각도를 측정했다면 그것은 직각삼각형의 멀리 있는 쪽의 각도의 두 배가 된다. 예를 들어 손가락이 8도만큼 움직였다면 팔의 길이는 약 60센티미터이다.

물론 팔의 길이를 측정하는 별로 실용적인 방법은 아니다. 더 쉬운 방법이 있기 때문이다. 하지만 지구와 금성 사이의 거리를 이 방법으로 알아낼 수 있다. 여기에는 아주 유용한 방법이다. 여기에 시차를 적용하려면 최대한 멀리 떨어져 있는 지구 북반구와 남반구의 두 지점을 두 눈이라고 생각하면 된다. 금성은 거리를 측정하는 대상인 손가락이 된다. 손가락이 움직이는 배경은 태양이 된다. 우주에서 거리를 측정하는 많은 경우와 같이 여기서의 삼각형은 아주 거대하고, 짧은 변의 길이는 지구에서의 두 지점 사이 거리의 절반이 된다.

한쪽 눈을 감고 보는 것은 금성이 태양 앞을 지나갈 때 북반구 지점에서 태양을 배경으로 금성의 위치를 표시하는 것과 같다. 그리고 반대쪽 눈을 감는 것은 남반구 지점에서 태양을 배경으로 금성의 위치를 표시하는 것과 같다. 팔의 경우와 마찬가지로, 금성이 태양을 배경으로 많이 움직이는 것처럼 보일수록 지구에 가까이 있는 것이다. 금성까지의 거리를 알기 위해서는 지구의 두 관측지점 사이의 거리만 알면 된다.

이 계획에는 한 가지 복잡한 문제가 있다. 태양의 표면에는 뚜렷한 특징이 없기 때문에 18세기에는 지구의 다른 지점에서 보는 금성의 정확한 위치를 판단하기가 너무 어려웠다는 것이다. 핼리는 이 문제를 풀 아주 멋진 해결책을 찾아냈다. 그는 지구에서 보는 지점에 따라 금성의 위치만 변하는 것이 아니라 금성이 태양 앞을 지나가는 시간도 달라진다는 사실을 깨달았다. 원형인 태양을 가로지르는 두 경로는 길이가 서로 다르다. 경로 차이가 클수록, 즉 태양을 가로지르는 시간 차이가 클수록 태양을 배경으로 한 금성의 위치 변화가 크고 금성과 지구 사이의 거리가 가깝다.

이렇게 하면 금성까지의 거리를 알 수 있고, 여기에서 출발하면 태양과 다른 행성들까지의 거리도 간단하게 알 수 있다. 요하네스 케플러는 행성의 공전 주기와 태양에서의 거리 사이의 관계를 이미 알아냈다. 멀리 있는 행성일수록 공전 주기가 길다. 천문학자들은 밤하늘에서 금성의 위치 변화를 관측하여 금성의 공전 주기를 오래전에 알아냈다. 금성과 지구의 공전 주기를 알고 지구와 금성 사이의 거리

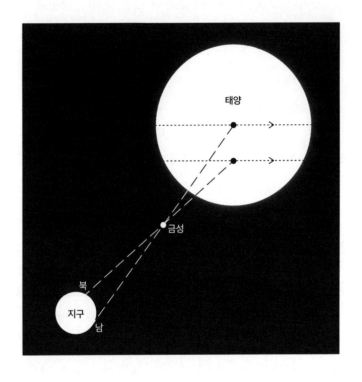

그림 1.4

금성이 태양 앞을 지나가는 데 걸리는 시간은 지구의 어디에서 보느냐에 따라 달라진다. 시간 차이가 클수록 금성은 지구에 가까이 있는 것이다.

를 알 수 있다면, 태양계 전체의 규모도 충분히 알아낼 수 있다.

핼리는 방법을 찾아내긴 했지만 금성의 다음 식 현상이 일어나는 1761년까지 살 수는 없다는 사실을 잘 알았다. 하지만 그는 실망하지 않고 다음 세대의 천문학자들에게 금성의 식 현상 관측을 당부하는 글을 남겨놓았다.

> 그래서 나는 이것을 관측할 기회가 있는 의욕적인 천문학자들이 (내가 죽은 후에) 나의 제안을 기억하여 최선을 다해서 이것을 관측해주기를 다시 한번 당부하는 바이다. 나는 그들의 완벽한 성공을 진심으로 바란다. (에드먼드 핼리, 1716)

핼리의 당부는 통했다. 그가 죽은 지 거의 20년 후에 전 세계의 천문학자들이 이 식 현상을 관측하기 위해 모였다. 이들을 모은 것은 국제 과학 공동체에 이 관측을 조직하자고 강력하게 제안한 프랑스의 천문학자 조제프-니콜라 들릴Joseph-Nicolas Delisle이었다. 금성이 태양을 가로지르는 데에는 몇 시간이 걸리지만, 멀리 떨어진 곳에서 보면 가로지르는 시간은 몇 분 차이가 날 것이다. 이것을 정확하게 측정하기 위해서는 천문학자들이 지구 북반구와 남반구의 최대한 멀리 떨어진 지점으로 가야 할 뿐만 아니라 식 현상이 일어나는 시간과 위도, 경도를 정확하게 측정해야 하고, 날씨도 충분히 좋아야 한다. 이것은 한두 명의 천문학자가 할 수 있는 프로젝트가 아니었다. 들릴은 국제 천문학계가 처음 공동으로 추진하는 이 특별한 조직적인 행동에 영국, 프랑스, 스웨덴, 독일, 러시아, 미국의 천문학자 수백 명이 참여하도록 독려하였다.

식 현상이 일어나기 전에 들릴은 핼리 방식의 약점을 찾아냈다. 그것은 식 현상 전 과정을 관측해야 한다는 것이었다. 그 말은 곧 7시간의 식 기간 내내 태양을 볼 수 있는 곳에서, 관측하는 동안 날씨가 맑아야만 성공할 수 있다는 뜻이었다. 들릴은 다른 방법을 찾아냈다. 북반구와 남반구에서 전 과정을 관측하는 대신 지구 전체의 여러 지점에서 식 현상이 시작되는 시간 혹은 끝나는 시간을 정확하게 측정하는 것이다. 동쪽에 있는 그룹은 서쪽에 있는 그룹보다 식 현상이 시작되는 것을 더 일찍 볼 것이었다. 여러 관측자들 사이의 시간 차이가 클수록 금성이 배경에 대하여 더 많이 움직인다는 것이므로, 금성까지의 거리는 더 가깝다는 것을 의미했다. 핼리 방식을 이용하려면 천문학자들은 식 현상이 얼마 동안 일어나는지 정확하게 측정해야 했다. 들릴 방식을 이용하려면 시작하는 시간 혹은 끝나는 시간만 정확하게 기록하면 되었다. 하지만 당시에는 둘 다 쉬운 일이 아니었다. 제대로 측정하려면 망원경뿐만 아니라 진자시계도 먼 곳까지 조심스럽게 운반해야 했다.

1761년의 식 현상을 관측하기 위하여 천문학자 그룹들은 남아프리카, 마다가스카르, 세인트헬레나, 시베리아, 뉴

펀들랜드, 인도 등으로 쉽지 않은 여행을 해야만 했다. 그들의 매력적이고 도전적인 탐험과 관련하여 많은 글이 발표되었다. 수 개월 동안 여행을 했는데 금성이 구름에 가려져 버린 경우도 있었고, 1756년에 시작된 7년 전쟁에 발이 묶인 경우도 많았다. 가장 정확한 측정은 희망봉에서 영국의 천문학자인 찰스 메이슨Charles Mason과 제러마이아 딕슨Jeremiah Dixon에 의해 이루어졌다. 이들은 왕립학회에 의해 수마트라로 파견되었지만 배가 공격을 받는 바람에 다른 곳으로 가게 되었다. 그들은 이 성공 덕분에 미국에서 그들을 더 잘 알려지게 한 일을 하게 되었다. 후에 메이슨-딕슨 선(미국 독립 전에 펜실베이니아주와 메릴랜드주의 경계 분쟁을 해결하기 위해 만든 선 – 옮긴이)으로 알려지게 되는 경계선을 측량하는 일이었다.

1761년의 측정은 대부분 기대보다 정확하지 않았거나 나쁜 날씨 때문에 망치고 말았다. 돌아온 천문학자들은 결과들을 종합하여 태양까지의 거리를 1억 2,000만에서 1억 6,000만 킬로미터(7,700만에서 9,900만 마일) 사이로 계산했다. 1769년의 식 현상이 남아 있어서 더 정확한 결과를 얻을 수 있는 좋은 날씨를 기대해볼 수 있다는 것이 그들에게는 행운이었다. 비록 들릴은 두 번째 시도를 함께할 수는 없었지만 말이다. 이번에는 영국의 탐험가 제임스 쿡James Cook이 타이티로 파견되었고, 캐나다의 허드슨베이, 노르웨이, 바하칼리포르니아, 아이티로 탐험대가 떠났다. 이 그룹들은 대부분 성공적인 측정을 했다. 그 결과를 모두 종합하여 천문학자들은 태양까지의 거리를 약 1억 5,000만 킬로미터(약 9,400만 마일)로 계산했다. 오차는 300만 킬로미터(약 200만 마일)보다 작았다. 그들은 정확했다. 현재의 정확한 값은 1억 4,960만 킬로미터(9,300만 마일)이다.

이 이야기의 많은 부분은 200년도 더 지난 오늘날까지도 천문학을 어떻게 하는지 보여준다. 어려운 측정을 어떻게 해야 하는지 연구하고, 여러 가지 방법을 찾아내고, 몇 년 전에 미리 계획을 세우고, 최선의 측정값을 얻기 위해서 종종 적대적이거나 접근이 거의 불가능한 곳으로 가야 하는 것이다. 프로젝트의 성공은 정부에서 장비, 인건비, 여행 비용을 따내고, 국제적인 팀을 조직하고, 여러 그룹에서 얻은 결과를 종합하는 데에 달려 있다. 이런 일들은 모두 지금도 천문학에서 하고 있는 것이다. 지금도 여러 나라의 그룹들은 공동의 목적을 위해 함께 일하기를 즐기지만, 또 자신들이 가장 좋은 측정을 하기 위해 노력하기도 한다. 이렇게 과학자로서 우리는 새로운 발견을 위해 종종 서로 경쟁하면서 협력한다.

태양까지의 거리 1억 4,960만 킬로미터(9,300만 마일)라는 숫자는 0이 너무 많아서 다루기가 까다로웠다. 이에 우주 공간의 광대한 거리를 측정하는 문제를 간단하게 만들기 위해 천문학자들은 훨씬 더 큰 단위를 사용한다. 그 중 하나가 지구와 태양 사이의 거리로 정의되는 천문단위Astronomical Unit, AU다. 태양에서 태양계 가장 바깥에 있는 해왕성까지의 거리는 약 30AU다. 30억 마일(48억 킬로미터)보다 훨씬 더 쉬운 숫자다. 빛이 이동하는 데 걸리는 시간으로 우주 공간의 거리를 측정하기도 한다. 빛은 한 시간에 11억 킬로미터를 이동하는데, 이 거리를 1광시光時, light-hour라고 부른다. 태양에서 해왕성까지의 거리는 약 4광시가 된다. 이것은 30AU보다 기억하기에 더 쉬운 숫자는 아닐 수도 있지만, 이렇게 거리를 측정하는 방법은 빛이 1년 동안 이동하는 거리인 광년光年, light-year으로 쉽게 확장할 수 있기 때문에 매우 유용하다. 1년은 약 9,000시간이므로 1광년은 1광시의 약 9,000배, 즉 약 10조 킬로미터가 된다. 태양계의 거리를 측정하는 데 광년까지는 필요하지 않지만, 태양계 밖으로 나가면 가장 가까이 있는 별까지의 거리조차도 이런 큰 규모의 단위를 사용하는 것이 숫자를 다루기에 더 용이하다. 광시와 광년은 시간의 흐름도 알려주기 때문에 도움이 된다. 우리가 보고 있는 물체에서 빛이 언제 나왔는지 알 수 있기 때문이다. 목성과 토성은 우리에게서 몇 광시 떨어져 있기 때문에 우리가 보는 것은 이들의 몇 시간 전의 모습이다.

태양계의 규모를 염두에 두고, 이제는 작은 행성들에 초점을 맞춰보자. 이들은 실제로 어떨까? 첫 번째는 태양에 가장 가까이 있고 지구 시간으로 3개월 만에 태양의 주위를 한 바퀴 도는 **수성**이다. 수성은 보호해주는 대기가 없고, 어떤 곳에서는 온도가 400℃보다 더 높이 올라가는 아주 척박한 곳이다. 지구가 달의 자전 속도를 늦추는 것처럼 태양의 중력은 수성의 자전 속도를 늦춘다. 수성의 자전 속도는 이제 너무 느려져서 수성에 사는 사람은 수성에서의 1년 전부를 낮으로, 그리고 다음 1년은 밤으로 보내야 한다. 2년에 한 번씩만 태양을 향하기 때문이다. 수성의 밤은 지구의 3개월이 지나야 끝나 그 후에야 해가 다시 뜬다. 그 긴 어둠의 시간 동안 엄청나게 추워지리라는 데에는 의심의 여지가 없다. 영하 100℃보다 더 추워진다. 수성의 거주자가 이런 극단적인 온도 변화를 실제로 경험할 가능성은 거의 없는데, 왜냐하면 수성에 생명체가 존재할 가능성은 매우 낮기 때문이다.

수성은 달과 약간 비슷해 보인다. 수성은 태양계 초기에 있었던 것으로 여겨지는 거대한 충돌이 만든 크레이터들로 덮여 있다. 1970년대에 처음으로 수성을 스쳐 지나가는 탐사선을 보냈던 미국 항공 우주국NASA, National Aeronautics and Space Administration은 30년이 지난 2006년에 수성으로 무인 탐사선을 보냈다. 2011년에 수성의 궤도로 들어간 탐사선은 수성의 지형을 멋진 사진으로 찍었고, 2015년에 수성의 표면에 충돌하면서 임무를 마감했다. 유럽과 일본의 우주국은 2018년에 베피콜롬보BepiColombo라는 새로운 탐사선을 발사했다. 이 탐사선은 7년간의 여행 후 수성에 도착하여 수성을 자세하게 연구할 것이다.

　수성 다음으로는 우리의 이웃인 **금성**이 있다. 지구와 크기와 질량이 비슷한 금성은 지구의 기준으로는 독성이 있긴 하지만 대기를 가지고 있다. 금성은 생명체가 살아가기는 아주 어려운 곳이다. 이산화탄소와 황산 구름으로 구성된 두터운 대기는 금성을 태양계에서 가장 뜨거운 곳으로 만들었다. 온도는 400℃보다 높아서 수성보다 더 뜨겁다. 보통의 가시광선으로는 금성의 대기를 뚫고 볼 수가 없기 때문에 파장이 더 긴 전파와 마이크로파를 볼 수 있는 카메라를 사용해야 한다. 금성의 표면은 암석으로 이루어져 있으며 산과 계곡, 그리고 고원으로 덮인 사막과 같다. 금성에는 다른 어떤 행성보다 많은 수백 개의 화산이 있다. 화산이 폭발하고 있는 것 같지는 않지만 유럽 우주국ESA, European Space Agency의 비너스 익스프레스Venus Express 탐사선은 용암이 흐르는 활동이 계속되고 있는 것을 발견했다.

　금성은 우리가 뭔가 잘못되었다고 생각할 정도로 이상하게 자전하기도 한다. 금성은 다른 모든 행성과 마찬가지로 반시계 방향으로 태양 주위를 돈다. 하지만 북극을 위쪽이라고 본다면 시계 방향으로 자전을 한다. 이것은 태양계의 다른 거의 모든 행성들과는 반대 방향이고, 금성 거주자들에게는 해가 서쪽에서 떠서 동쪽으로 진다는 것을 의미한다. 우리는 금성이 처음에는 '올바른' 방향으로 자전했다고 거의 확신한다. 어떤 일이 일어나서 이렇게 잘못되었는지는 정확하게 알지 못한다. 아주 오래전에 다른 큰 암석 행성이 충돌하여 회전 방향을 바꾸어놓았을 수도 있고 어쩌면 아예 금성을 뒤집어놓았을 수도 있다. 수성과 비슷하게 금성도 지구보다 훨씬 느리게 자전한다. 금성의 하루는 지구의 100일이 조금 넘고, 이는 금성 1년의 절반 정도가 된다. 기적적으로 살아남은 금성 거주자가 있다면 지구 시간으로 매번 50일씩 어둠 속에서 지내야 한다.

비너스 익스프레스뿐만 아니라 20대가 넘는 탐사선이 금성을 방문했다. 1970년대와 1980년대에 러시아의 탐사선이 연속으로 금성을 방문하여 처음으로 지구가 아닌 행성에 착륙하였다. 이후 30년이 넘도록 착륙은 없었지만 많은 탐사선들이 금성 주위를 돌거나 스쳐 지나가면서 자세히 관찰하였다. 가장 최근에는 일본의 탐사선 아카츠키Akatsuki가 2015년에 금성 궤도로 들어갔다. 아카츠키는 2010년에 발사될 때 거의 기회를 놓칠 뻔했다. 이 탐사선은 발사된 지 약 1년 후에 금성 궤도로 들어가기로 되어 있었다. 그런데 엔진이 정확한 위치에 갈 수 있을 정도로 충분한 시간 동안 작동되지 않았다. 5년간이나 태양 주위를 돌면서 기다린 끝에 빠르게 아카츠키의 로켓을 발사하여 올바른 경로로 옮기는 데 성공, 금성의 극단적인 기후 시스템을 연구할 수 있게 되었다. 금성의 대기는 지구 시간으로 불과 4일 만에 회전을 한다. 금성의 자전보다 훨씬 더 빠른데, 그 이유는 모른다. 아카츠키는 이것을 설명하는 데 도움을 줄 수 있는 놀라운 사진들을 보내주었다. 여기에는 금성의 적도를 시속 약 320킬로미터 속도로 돌고 있는 제트 기류 사진도 포함되어 있다.

금성을 뒤로하고, 이제 태양에서 지구보다 멀리 있는 곳으로 가보자. 다음은 수많은 외계 문명에 대한 이야기가 있는, 우리에게 가장 잘 알려진 이웃 **화성**이다. 지름은 지구의 절반이고, 질량은 지구의 10분의 1밖에 되지 않으며, 표면의 중력은 지구 중력보다 3배 더 약하다. 만일 당신이 화성에 있다면 지구보다 3배 높이 뛰어오를 수 있다. 화성은 지구처럼 반시계 방향으로 자전하고, 하루의 길이는 지구와 거의 같다. 화성에는 두 개의 달이 있지만 지름이 각각 12킬로미터와 22킬로미터밖에 되지 않아 지구의 달에 비하면 아주 작다. 화성에서 봤을 때 가까이 있는 달인 포보스는 우리 달의 3분의 1 크기로 보이지만, 더 작은 데이모스는 너무나 멀리 있기 때문에 밤하늘에 있는 별과 거의 차이가 없이 보일 것이다.

화성은 탐사하기 좋은 곳이다. 화성은 암석과 산, 계곡, 사막으로 덮여 있다. 화성의 유명한 붉은색은 화성 표면에 있는 산화철 때문인데 녹슨 철과 비슷한 것이다. 화성의 대기는 아주 얇기 때문에 표면을 쉽게 들여다볼 수 있다. 19세기의 천문학자들은 화성의 대기에서 물의 흔적을 찾을 수 있고, 이것을 운하나 강을 닮은 화성 표면의 모습과 연결시킬 수 있을 것이라고 생각했다. 이 생각은 화성에 지적생명체가 살 가능성에 대한 상상을 자극하여 화성인은 SF의 인기 있는 등장인물이 되었다. 화성 표면의 모습은 나중에 착시에 의한 것으로 밝혀졌지만, 최근에 화성에 착륙한 로봇 탐사선들은 과거에는 화성이 거대한 바다로 덮여 있었을 것이라는 사실을 알려주는 흔적과 함께 실제로 소량의 액체 상태의 물을 발견했다. 화성에 생명체가 존재할 가능성에 일말의 기대를 해볼 수 있는 것이다. 이 가능성도 놀라운 데다가 화성은 충분히 가까이 있고 착륙할 땅이 있다 보니 나사는 수많은 화성 탐사 프로그램을 추진하고 있다. 화성에 사람을 보내는 것은 엄청나게 어려운 도전이지만 앞으로 수십 년 동안 이것은 국제적인 우주 프로그램의 핵심적인 부분이 될 것이다.

화성 너머에는 작은 암석들이 모여 있는 소행성대가 있다. 그곳에는 작은 불규칙한 덩어리들이 많이 모여 있다. 덩어리는 자갈 정도 크기부터 해서 큰 것은 도시 규모에 달하는데, 그렇다 보니 몇 개는 다른 덩어리보다 수백 배나 크다. 이들도 줄곧 태양 주위를 돈다. 여기 있는 소행성들을 모두 하나로 만들어도 우리 달보다 작다. 소행성대에서 가장 큰 것은 태양계의 왜소행성 중 하나인 세레스로, 지름이 약 940킬로미터인 구형이다. 세레스는 1801년에 주세페 피아치 Giuseppe Piazzi에 의해 발견되어 약 200년 전부터 알려져 왔다. 천문학자들은 처음에는 이것이 행성인 줄 알았다. 그런데 이것은 너무 작아서 당시의 크지 않은 망원경으로 볼 때는 둥근 모양으로 보이지 않고 그냥 점처럼 보였다. 그리고 곧 천문학자들은 하늘에서 작은 천체들을 더 발견했다. 1802년에는 팔라스, 1804년에는 주노, 1807년에는 베스타가 발견되었고, 1840년대 중반 이후에는 더 많이 발견되었다.

처음에 이들은 모두 행성으로 불렸다. 그런데 1802년 천문학자 윌리엄 허셜William Herschel이 이 새로운 천체들을 소행성이라고 부르자고 제안했다. 이 새로운 행성들의 지위를 낮추자는 그의 제안이 바로 받아들여지지는 않았기 때문에 이 큰 암석 천체들은 수십 년 동안 여전히 행성으로 불렸다. 시간이 지나면서 천문학자들과 탐험가이자 지리학자인 알렉산더 폰 훔볼트Alexander von Humboldt와 같은 지식인들이 작은 천체들을 행성 목록에서 제외해야 한다고 주장하였고, 1860년대에 이들은 허셜의 제안대로 소행성으로 분류되었다. 똑같은 역사가 바로 10여 년 전에 되풀이되었다. 소행성보다 큰 새로운 천체들이 태양계의 먼 바깥쪽에서 계속 발견되기 시작한 것이다. 천문학자들은 이 모든 새로운 천체들을 행성으로 포함하는 대신 투표를 통해 왜 소행성이라는 새로운 범주를 만들었는데, 명왕성도 여기에 포함되었다.

소행성대 바깥에는 태양계에서 가장 큰 행성인 **목성**이 있다. 안쪽의 암석 행성들과는 달리 목성은 발을 딛고 설만한 곳이 없는 거대한 기체 덩어리다. 대부분 수소와 헬륨으로 이루어져 있고, 암모니아와 황과 같은 기체로 이루어진 여러 색의 줄무늬로 덮여 있다. 그리고 마치 밖을 바라보는 눈처럼 생긴 대적반이 있는데 이것은 수백 년 동안 계속되고 있는 폭풍이다. 목성은 지구보다 지름이 11배 길고 300배 무거우며 10시간에 한 바퀴씩, 지구보다 훨씬 빠르게 자전한다. 거대한 목성은 시간이 지나면서 조금씩 수축하여, 1년에 약 1인치씩 작아지고 있다. 목성이 처음 만들어졌을 때는 지름이 지금보다 약 두 배 정도 컸을 것이다.

목성은 우리 태양계 역사에서 결정적인 역할을 한 것으로 보인다. 한때 행성들의 순서는 지금과 상당히 달랐을 수 있다. 위대한 항해Grand Tack라고 불리는 인기 있는 시나리오는 목성이 지금보다 태양에 약간 더 가까운 곳에서 출발했다는 것이다. 그러고는 천천히 안쪽으로 움직여 지금의 지구와 화성 사이 위치로 갔다. 그 과정에서 목성은 지구보다도 큰 암석 행성을 파괴했을 수도 있다. 그리고 이웃에 있는 토성의 중력이 목성을 뒤로 당겨서 태양계 안쪽에서 소행성대를 지나 지금의 자리로 가게 했고, 안쪽에 남은 암석 잔해가 수성, 금성, 지구, 화성을 만들었다. 아직 확실히는 모르지만 바로 지난 10년 동안 이루어진, 다른 별 주위를 도는 다른 항성계에 대한 연구는 우리 태양계에 어떤 일이 있었는지에 대해 많을 것을 알려주고 있다. (이 주제에 대해서는 다음 장에서 다룰 것이다.)

목성은 단단한 표면이 없기 때문에 탐사선이 착륙할 수

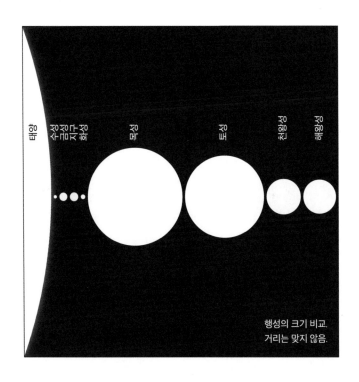

태양

수성
금성
지구
화성

목성

토성

천왕성

해왕성

행성의 크기 비교.
거리는 맞지 않음.

그림 1.5
태양계 행성들의 상대적인 크기

없다. 하지만 많은 탐사선이 목성을 방문하거나 더 멀리 가는 도중에 스쳐 지나갔다. 1970년대에는 파이어니어와 보이저가 그랬고, 1990년대에는 갈릴레오가 몇 년간 목성 주위를 돌면서 낙하산을 단 작은 탐사선을 대기로 내려보내 시속 수백 킬로미터의 바람을 측정하기도 했다. 2000년에는 토성을 향해 가던 카시니가 아름다운 사진들을 보내줬고, 가장 최근에는 나사의 주노가 지구에서 출발한 지 5년 후인 2016년에 목성에 도착했다. 목성을 스쳐 지나간 많은 탐사선들은 멋진 사진만 보내준 것이 아니라 북극과 남극에 휘몰아치는 사이클론들의 사진도 보내줬다. 이것은 목성이 무엇으로 구성되어 있는지, 어떻게 만들어졌는지 알려주고 있다.

목성에는 많은 위성이 있다. 갈릴레오가 처음으로 발견한 가장 큰 4개의 위성은 맑은 날 쌍안경으로도 작은 구멍 같은 빛이 원반 모양의 목성 좌우에 늘어서 있는 모습으로 쉽게 볼 수 있다. 이들은 밤하늘에서 우리 이웃에 대해 알아보려고 하는 천문학자에게 완벽한 대상이다. 목성의 가장 큰 위성인 가니메데는 수성보다도 크다. 4개의 큰 위성 중에서 목성에 두 번째로 가까이 있는 유로파는 특히 매력적이다. 액체로 이루어진 바다를 얼음이 둘러싸고 있는 유로파는 태양계에서 생명체가 있을 가능성이 가장 높은 곳 중 하나이기 때문이다. 이 매력적인 가능성(목성의 위성에 작은 생명체가 있을 가능성)은 미래에 유로파를 더 자세히 탐사할 동기가 된다. 유럽 우주국은 2020년대 초에 목성 얼음 위성 탐사선Jupiter Icy Moon Explorer을 발사하여 가니메데, 칼리스토, 유로파를 탐사할 계획이다. 나사의 유로파 클리퍼 Europa Clipper 탐사선도 비슷한 시기에 발사되어 유로파의 얼음 표면 전체를 조사하여 미래에 탐사선이 착륙할 곳을 선택할 예정이다.

목성을 지나 나아가면 태양계의 또 하나의 멋진 거대 행성인 **토성**이 있다. 토성을 둘러싼 고리는 처음 관측한 사람들을 혼란스럽게 하고(갈릴레오는 이것을 귀나 팔처럼 보인다고 묘사했고, 위성일 것이라고 추측했다), 토성을 행성들 중에서 가장 눈에 띄게 만든다. 카시니 탐사선이 토성의 환상적인 사진을 보여주었지만, 토성과 토성의 고리를 망원경을 통해 눈으로 직접 보는 것은 천문학자들에게도 가슴 떨리는 일이다.

토성도 목성과 마찬가지로 대부분 수소와 헬륨으로 이루어진 거대 행성이다. 중심에 있을 암석 핵을 액체 수소가 둘러싸고, 바깥에는 토성을 밝은 노란색으로 빛나게 하는 암모니아 기체층이 있다. 토성은 태양계에서 물보다 평균 밀도가 낮은 유일한 행성이다. 충분한 양의 물이 있으면 토성을 띄울 수 있을 것이다. 고리는 단단한 덩어리로 보였지만 자세히 보니 어떤 곳은 겨우 10미터, 어떤 곳은 1킬로미터 두께의 얇은 원반이었으며 얼음과 암석, 암석 먼지로 이루어져 있었다. 고리는 토성의 적도에서 바깥으로 8만 킬로미터 거리까지 뻗어 있다. 고리의 기원은 확실하지 않지만 부서진 위성이거나 혜성 혹은 소행성의 조각일 수 있다.

토성은 10시간 만에 자전을 하고, 태양에서 지구까지보다 10배 더 멀리 있기 때문에 아주 추우며, 시속 1,600킬로미터가 넘는 속도로 바람이 부는 곳이다. 토성에도 목성처럼 60개가 넘는 위성이 있고 이들 역시 흥미롭다. 가장 관심을 끄는 두 개는 지구와 비슷한 점이 있는 타이탄과 엔셀라두스다. 토성의 가장 큰 위성인 타이탄은 수성보다 약간 더 크고, 탄화수소로 된 호수와 바다, 섬, 산, 바람이 있고, 액체 메탄 비가 내릴 뿐만 아니라 질소 대기도 가지고 있다. 이곳은 표면의 평균 온도가 영하 200℃ 정도로 지구보다 훨씬 더 춥다. 엔셀라두스도 비슷하게 춥지만 생명체에게는 더 좋아 보인다. 엔셀라두스의 곳곳에 있는 바다는 아주 얇은 얼음이 덮고 있고, 깊은 바다에서 수증기가 뿜어져 나오고 있다. 이것은 엔셀라두스가 태양계에서 지구 다음으로 생명체가 살기에 좋은 곳일 가능성을 보여주는 것이다.

토성 너머에는 태양에서 지구까지보다 20배와 30배 더 먼 거리에, 찾기 힘든 **천왕성**과 **해왕성**이 있다. 이들은 우리 태양계에서 가장 탐사가 덜 된 행성들이다. 둘 다 대기가 있는데, 대부분 수소와 헬륨으로 이루어져 있지만 물, 암모니아, 메탄도 있다. 천왕성에는 강한 바람에 날리는 구름층이 있고, 그 아래에는 액체층이 암석으로 된 핵을 둘러싸고 있는 것으로 보인다. 천왕성의 이상한 점은 북극과 남극이 공전 궤도와 같은 평면에 놓인 형태로 거의 완전히 옆으로 누워 있다는 것이다. 아마도 태양계가 만들어질 때 다른 행성과의 충돌로 이렇게 되었을 것이다. 결과적으로 북극과 남극은 지구 시간으로 약 40년 동안 계속해서 태양빛을 받고 이어지는 40년 동안 어둠이 계속된다.

천왕성은 고대의 밤하늘 관측자들에게는 잘 알려져 있지 않았다. 천왕성은 너무 어둡고 너무 느리게 움직이기 때문에 별로 오인되었다. 1781년 영국의 천문학자 윌리엄 허셜이 천왕성을 발견했는데, 처음에는 혜성으로 분류했다. 그는 이것이 무엇인지 금방 확신하지는 못했지만 밤하늘에서 위치가 바뀐다는 것을 알았기 때문에 별일 수는 없다고 생각했다. 곧이어 요한 보데Johann Bode와 앤더스 렉셀Anders Lexell의 계산으로 이것이 태양의 주위를 도는 행성처럼 움직인다는 사실이 드러났다. 망원경으로 처음 발견된 이 새 행성은 처음에는 정체성의 위기를 겪었다. 허셜이 이 행성의 이름을 당시 영국 왕의 이름을 따 '조지의 행성'이라고 붙였기 때문이다. 하지만 당연하게도 이 선택은 영국 밖에서는 전혀 인기가 없었다. 천왕성이라는 이름은 1850년대에야 확정되었다.

천문학자들은 곧 천왕성이 분명히 태양의 주위를 돌긴 하지만, 보이지 않는 물체의 중력이 천왕성을 끌어당기는 것처럼 궤도가 이상하다는 사실을 알아차렸다. 1820년대에 프랑스의 천문학자 알렉시 부바르Alexis Bouvard는 아직 발견되지 않은 또 다른 천체가 천왕성을 당기고 있을지도 모른다고 제안했다. 1846년, 프랑스의 천문학자 위르뱅 르 베리에Urbain le Verrier와 영국의 천문학자 존 쿠치 애덤스John Couch Adams는 천왕성의 관측된 궤도와 뉴턴의 중력 법칙에 따른 예측 사이에 차이가 있다는 것을 이용하여 그 발견되지 않은 천체가 어디에 있어야 할지 서로 독립적으로 계산하였다. 르 베리에는 이 새로운 천체의 예상 위치를 계산하여 베를린에 있는 천문학자 요한 갈레Johann Galle에게 편지로 보냈다. 편지를 받은 갈레는 바로 그날 밤 거의 정확하게 예상된 위치에서 해왕성을 발견했다. 과학적인 예측과 관측이 함께 성과를 거둔 아름다운 예다. 해왕성은 많은 면에서 천왕성과 비슷하지만 날씨의 경향성이 더 잘 보이고 '바르게' 서 있다. 암모니아 구름과 수소, 헬륨, 푸른색으로 보이게 만들어주는 약간의 메탄 대기에 둘러싸인 해왕성은 대부분 액체로 이루어져 있고 지구 정도 크기의 암석 핵이 있다.

해왕성 너머에는 태양계의 두 번째 소행성대인 **카이퍼 벨트**Kuiper Belt와 왜소행성인 **명왕성**, 그리고 몇 개의 왜소행성이 더 있다. 명왕성은 대부분 얼음과 암석이고, 2015년 나사 뉴 호라이즌 탐사선이 가까이에서 사진을 찍었다. 명왕성 발견에 대한 이야기는 과학에서 우연의 중요성을 잘 알려준다. 1800년대 후반, 천문학자들은 천왕성과 해왕성의 궤도를 연구하여 이들의 경로를 교란시키는 또 다른 행성이 있을 수도 있다고 추정했다. 그래서 1900년대 초, 애리조나의 로웰 천문대에서 행성 X라는 별명이 붙은 9번째 행성 찾기가 시작되었다. 천문학자 베스토 슬라이퍼Vesto Slipher는 젊은 동료 클라이드 톰보Clyde Tombaugh에게 다른 시간에 하늘을 찍은 사진 건판들에서 위치가 바뀐 천체를 찾아보게 했다. 톰보는 1년간 그것을 찾았고, 1930년에 움직이는 것처럼 보이는 새로운 천체를 발견했다. 이것은 새로운 행성으로 선언되었고, 로마 신화에서 지하의 신 이름을 따 명왕성Pluto이라는 이름이 붙었다. 이 이름은 영국의 여학생 베네티아 버니Venetia Burney가 옥스퍼드대학 보들리안 도서관 관장을 역임한 할아버지에게 제안한 것이었다. 그녀가 제안한 이름은 옥스퍼드의 천문학자를 통해 미국으로 전달되었고, 이 11살 소녀는 전 세계에서 행성의 이름을 붙인 유일한 여성이 되었다. 그런데 명왕성은 진짜였지만 명왕성이 발견된 것은 우연이라는 사실이 밝혀졌다. 명왕성은 사실 해왕성의 궤도에 영향을 줄 정도로 충분히 크지 않았고, 정확한 계산 결과 잃어버린 행성 X는 필요가 없다는 사실이 밝혀졌다.

명왕성은 최근 격렬한 논쟁의 원인이 되었다. 2006년, 천문학자들은 프라하에서 열린 국제천문연맹IAU, International Astronomical Union 총회에서 투표를 통해 명왕성을 행성에서 왜소행성으로 강등시켰다. 이것은 어려운 결정이었다. 명왕성은 태양계 9번째 행성으로 잘 알려져 있었고, 모든 학교에서 그렇게 가르치고 있었기 때문이었다. 하지만 명왕성은 우리 행성들과 중요한 면들이 달랐고, 특히 너무 작았다. 천문학자들은 행성은 태양 주위를 도는 둥근 천체여야하고, 같은 궤도에 있는 위성들을 제외하고는 비슷한 크기의 다른 천체가 없을 정도로 충분히 커야 한다는 공식적인행성의 정의를 정했다. 다른 모든 8개의 행성은 이 조건을만족하지만 명왕성은 그렇지 못하다.

명왕성은 적어도 4개의 유사한 왜소행성 자매를 가지고 있다. 1800년대에 소행성에서 발견된 세레스와, 2004년과 2005년 캘리포니아 공과대학CALTECH, California Institute of Technology의 마이크 브라운Mike Brown이 이끄는 팀이 태양계바깥쪽에서 발견한 하우메아Haumea, 마케마케Makemake, 에리스Eris가 그것이다. 왜소행성은 태양계 밖에 더 많이 있을 것으로 여겨지고, 수백 개의 후보가 이미 발견되었다.명왕성의 지위를 바꾸고 왜소행성이라는 새로운 분류를 만든 결정은 1800년대에 허셜을 비롯한 사람들이 소행성과행성을 구별했던 결정과 아주 유사하다. 우리의 과학적인이해가 커지면 천체를 분류하는 방법을 바꿀 필요도 있다.

명왕성이 행성에서 밀려나긴 했지만 여전히 행성이 9개일 가능성은 있다. 해왕성 발견의 역사가 지금도 되풀이되고 있을 수 있다. 2016년, 마이크 브라운과 그의 동료 콘스탄틴 바티긴 Konstantin Batygin은 해왕성 바깥에 있는 작은 왜

소행성들과 소행성들의 궤도를 자세히 조사하여 새로운 행성의 존재를 예측했다. '제9행성 Planet Nine'이라고 불리는 이 행성은 천왕성, 해왕성과 비슷한 크기에 지구보다 10배 더 무겁고 다른 행성들보다 훨씬 더 멀리 있을 것으로 예상된다. 이 계산이 맞고 행성이 실제로 존재한다면, 이것은 태양을 한 바퀴 도는 데 만 년이 넘게 걸리고, 대부분의 시간 동안 태양에서 해왕성까지보다 20배 더 멀리 있을 것이다. 모든 천문학자들이 제9행성이 존재할 것이라고 믿지는 않지만, 이 행성을 찾는 작업은 진행되고 있다.

태양계의 끝에 도착한 우리는 이제 더 멀리 바깥으로, 밤하늘에 빛나며 우리에게 너무나 큰 우주의 경이를 불러일으키는 별을 향하여 나아간다. 별은 아름답고 신비로우며, 익숙하면서도 잘 모르는 것이기도 하다. 달과 행성들과 함께 별도 우리가 집 마당에서 맨눈으로 가장 쉽게 볼 수 있는 천체다. 하지만 우리가 볼 수 있는 별의 수는 인간의 활동으로 의한 광공해 정도에 따라 크게 다르다. 도시에서는 가장 밝은 별들 몇 개밖에 볼 수 없다. 어두운 시골의 밤하늘은 저 윗동네의 진정한 풍요로움을 보여준다.

2,000년 전 그리스의 천문학자 히파르쿠스와 프톨레마이오스가 만들어낸 등급은 지금까지도 별의 밝기를 묘사하는 데 사용되고 있다. 별은 밤하늘에서 크기가 약간씩 달라 보이는데, 밝은 별이 조금 더 크게 보인다. 가장 크고 밝

은 별을 그리스의 천문학자들은 '1등급' 별이라고 불렀다. 등급의 숫자가 큰 별일수록 작고 어두워지는데, 어두운 밤에 사람의 눈으로 볼 수 있는 가장 어두운 별이 6등급이다. 18세기 천문학자들은 별들은 아주 멀리 있어서 점으로 보이고, 밝은 별은 우리 눈이나 망원경으로 볼 때 크게 보일 뿐이라는 사실을 알았다. 하지만 '등급'이라는 명칭은 계속 사용되었고, 1856년 영국의 천문학자 노먼 포그슨Norman Pogson은 이것을 방정식으로 만들었다. 그는 6등급 별을 1등급 별보다 100배 더 어두운 것으로 정하고, 별이나 천체가 1등급 높아질 때마다 전보다 2.5배 어두워지는 것으로 하자는 규칙을 제안했다. 그러면 5등급 더 높은 별은 100배(즉, 2.5를 5번 곱한 것만큼) 더 어두워진다. 포그슨의 방정식은 현대천문학에서 여전히 사용되고 있다.

우리가 밤하늘에서 보는 대부분의 별들은 태양 근처에서 우리은하를 함께 돌고 있는 별들의 모임인 '태양 주위Solar Neighbourhood'에 있는 별들이다. 이런 별들에 닿으려면 태양계를 떠나 큰 걸음을 떼는 상상을 해야 한다. 우리의 가장 가까운 이웃 별은 알파 센타우리Alpha Centauri계의 3개의 별 중 하나인 프록시마 센타우리Proxima Centauri로, 우리에게서 4광년 조금 넘게 떨어져 있다. 우리가 지금 보는 빛은 그 별에서 4년 전에 출발하여 지금 도착한 빛이라는 말이다. 다시 말해서, 만일 지난 4년 동안 프록시마 센타우리에 무슨 일이 일어났다 해도 아직 우리는 그것을 알 수 있는 방법이 전혀 없다는 뜻이다. 우리가 카시니 같은 탐사선을 이 별로 보낸다면 도착하는 데 5만 년이 넘게 걸릴 것이다. 그렇게 오래 연료를 공급할 수 있다면 말이다.

우리가 볼 수 있는 다른 별들은 수 광년에서 수천 광년 사이에 있는 수천 개 정도다. 우리 태양 주위라고 하면 수십 광년 거리에 있는 약 100개의 별들만을 말한다. 해왕성이 태양에서 4광시 거리에 있다는 것을 생각해보면 이 별들까지의 거리는 아주 멀다. 앞에서 태양계로 했던 것처럼 규모를 줄여 태양 주위를 농구 코트 안에 넣는다면 태양계 전체는 소금 한 알 정도밖에 되지 않을 것이다.

우리가 절대로 그 별들에 닿을 수 없다면 그 별들까지의 거리는 어떻게 알까? 1600년대 이전의 천문학자들은 당시 가장 멀리 있는 행성인 토성과 코페르니쿠스가 상상한 별들의 '8번째 구' 사이의 간격이 그렇게 클 수 없을 것이라고 생각했다. 진전을 이룬 것은 네덜란드의 물리학자 크리스티안 하위헌스Christiaan Huygens였다. 다방면에서 인상적으로 활약했던 그는 망원경을 만들어 토성의 고리를 연구하고, 토성의 위성 타이탄을 발견하고, 빛에 대한 이론을 개발하고, 진자시계도 발명하였다. 1698년, 그는 별의 밝기를 이용하여 별들이 얼마나 멀리 있는지 알아내려고 시도했다. 모든 별이 바로 옆에 나란히 있다면 밝기가 같다고 가정하고 그는 하늘에서 가장 밝은 별인 시리우스의 밝기를 태양의 밝기와 비교했다. 더 멀리 있을수록 더 어둡게 보인다. 그는 놋쇠에 작은 핀 구멍을 뚫어 태양을 가려서 태양 빛을 몇 배나 어둡게 해야 시리우스의 밝기와 같아지는지 알아내는 기발한 방법을 찾아냈다. 그는 시리우스가 태양보다 약 10억 배 더 어두운 것으로 측정했는데, 그러면 시리우스는 지구에서 태양까지보다 3만 배 더 먼 거리, 약 0.5광년 거리에 있어야 했다. 실제 거리는 약 9광년이다. 하위헌스의 연구는 훌륭했지만 맞지는 않았다. 시리우스가 원래 태양보다 몇 배나 더 밝다는 사실을 알지 못했기 때문이었다.

더 정확한 방법은 지구에서 금성까지의 거리를 측정할 때 사용했던 시차를 사용하는 것이다. 별까지의 거리 측정에서 시차를 사용하려면 1년에 두 번, 6개월 간격으로 지구가 태양에 대해서 반대쪽에 있을 때의 위치를 두 눈으로 삼아야 한다. 손가락은 거리를 측정하는 대상인 가까이 있는 별이 된다. 배경은 너무 멀리 있어서 지구가 태양의 주위를 돌 때 움직이지 않는 것처럼 보이는 훨씬 더 멀리 있는 별이 된다.

금성까지의 거리를 측정하기 위해 우리는 지구의 한쪽에서 금성이 태양 앞을 지나가는 것을 보는 것으로 한쪽 눈을 감는 것을 대신했다. 별까지의 거리 측정에서는 당신이 선택한 지구의 관측지점에서, 멀리 있는 배경 별에 대하여 가까운 별이 보이는 위치를 측정하는 것으로 우선 한쪽 눈을 감는다. 그리고 6개월 후에 여전히 지구에서, 하지만 궤도

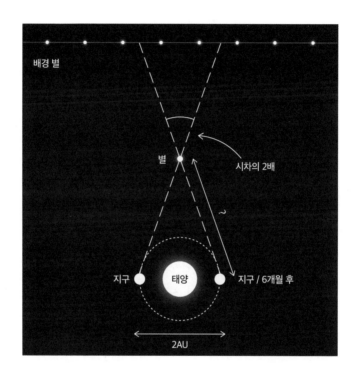

그림 1.6
시차를 이용한 별까지의 거리 측정. 지구가 태양의 주위를 돌면 별은 옆으로 움직이는 것처럼 보인다. 더 많이 움직인다면 지구에 더 가까이 있어야 한다.

의 반대편에서 배경별에 대하여 가까운 별이 보이는 위치를 다시 측정하여 반대쪽 눈을 감는다. 당신의 손가락이 멀리 있는 벽에 대해서 움직이는 것과 똑같이, 별이 배경 별에 대해서 더 많이 움직일수록 더 가까이 있다. 별까지의 거리를 알려면 이제 두 지구-눈 사이의 거리를 알아야 하는데 이것은 우리가 2AU, 혹은 약 3억 킬로미터라는 것을 이미 알고 있다.

이 아이디어는 간단하지만 실제로 구현하기는 어렵다. 4광년 떨어져 있는 별은 배경 별에 대해서 아주 조금밖에 움직이지 않는다. 그 각은 아주 작은 단위인 1초각보다 조금 작다(1분각은 60초각이고, 60분각은 1도다. 1초각이 얼마나 작은지 감을 잡으려면, 팔 길이만큼 뻗은 엄지손가락 양쪽 끝 사이가 2도라는 것을 떠올려보면 된다. 이것은 7,000초각이 약간 넘는다). 그렇게 조금 움직이는 것을 보려면 아주 좋은 망원경이 있어야 한다. 1700년대 천문학자들이 시차를 이용해보려고 시도했지만 그건 너무 어려웠다. 하지만 1800년대 초에는 기술이 발전되어 있었고, 1838년 독일의 천문학자 프리드리히 베셀Friedrich Bessel이 두 별이 서로의 주위를 도는 쌍성계인 백조자리 61까지의 거리를 측정하는 데 성공했다. 그는 이 별이 10광년 거리에 있다는 것을 알아냈고, 같은 해에 프리드리히 스트루베Friedrich Struve가 베가까지의 거리를 25광년으로, 토머스 헨더슨Thomas Henderson이 알파 센타우리까지의 거리를 4광년으로 측정했다.

이런 방식의 거리 측정은 천문학자들이 좋아하는 거리 단위인 파섹parsec을 만들어냈다. 이것은 1초각의 시차를 갖는 천체까지의 거리다. 지구가 태양의 반대편으로 갈 때 이 각의 2배인 2초각만큼 옆으로 움직이는 경우다. 이것은 3광년을 조금 넘는 거리다(1파섹은 3.26광년이다 – 옮긴이). 지상에 있는 망원경으로는 약 100파섹 거리까지밖에 시차를 측정할 수 없다. 우리 태양 주위 별들까지는 가능하지만 그것을 넘지는 못한다. 하지만 지구의 대기를 벗어날 수 있다면 더 나은 결과를 얻을 수 있다. 허블 우주망원경은 시차로 최대 1만 광년까지 측정할 수 있고, 2013년부터 유럽 우주국의 가이아Gaia 위성은 수만 광년 떨어진 별까지의 거리를 시차로 측정하고 있다. 2018년, 가이아 팀은 10억 개가 넘는 별들의 거리를 측정한 놀라운 목록을 발표했다.

우리 태양 주위는 우리가 고향이라고 부를 수 있는 훨씬 더 큰 곳의 작은 구석에 있다. 우리에게 익숙한 많은 별들, 이를테면 알파 센타우리, 시리우스, 프로키온 등이 태양 주위에 있다. 하지만 우리가 밤하늘에서 가장 잘 알고 있는 북극성, 오리온자리 벨트에 있는 별들, 작은곰자리 등은 훨씬 더 멀리, 수백 광년 떨어져 있다. 이들은 우리의 더 큰 고향, 1천억 개의 별들이 서로의 중력으로 끌어당기며 모여 있는 거대한 별의 집단인 우리은하(영어로는 다른 은하를 뜻하는 galaxy와 달리 대문자 'G'를 써서 Galaxy라고 한다. Milky Way라고 표현하기도 한다)의 일부다. 우리은하는 광활하고 웅장하며,

거대한 나선형 원반이 부드럽게 회전하고 있는 모습이다.

우리은하의 원반을 위에서 내려다보면 마치 물이 욕조 구멍 주위를 도는 것처럼, 별로 가득 찬 4개의 팔이 중심의 밝은 핵을 향해 시계 방향으로 돌면서 안쪽으로 들어가는 모습을 볼 수 있을 것이다. 우리은하는 우리 태양계의 행성들이 도는 것보다는 훨씬 더 긴 시간인 몇억 년에 한 바퀴씩 회전한다. 우리의 태양 주위는 나선 팔들 중 하나인 오리온 팔에 있으며, 우리은하의 중심에서 원반의 끝 사이의 중간 정도 위치에 있다. 우리은하가 회전하면 우리는 마치 회전목마처럼 따라 도는데, 태양계 전체가 움직이는 속도는 시속 80만 킬로미터나 된다.

우리은하는 정말로 광활한 곳이다. 원반의 한쪽 끝에서 다른 쪽 끝까지 빛이 가로질러 가려면 약 10만 년이 걸리고, 위에서 아래까지는 약 천 년이 걸린다. 빛이 태양 주위를 가로지르는 데에는 '겨우' 몇십 년밖에 걸리지 않고, 태양계를 가로지르는 데에는 몇 시간밖에 걸리지 않는다는 사실을 상기해보라. 우리은하 전체를 앞에서 태양 주위를 넣었던 같은 농구 코트에 넣는다면 태양 주위는 후추열매 하나 크기로 줄어들 것이다. 태양 주위는 중심에서 절반 정도의 거리에서 시계 방향으로 농구 코트를 돌고 있을 것이다.

물론 시계 방향이냐 반시계 방향이냐는 위와 아래를 어떻게 정의하느냐에 달려 있다. 천문학자들이 우리은하의 '위'쪽 방향을 결정했는데, 원반의 양쪽 중 우리 태양계의

'위'쪽과 가까이 있는 쪽이 위쪽이다. 태양계의 위쪽은 지구의 북극에서 위쪽 방향이다. 그런데 이 두 '위'쪽 방향은 같지 않다. 태양계 행성들이 있는 편평한 면과 우리은하의 편평한 면이 일치하지 않기 때문이다. 집게손가락으로 먼 쪽을 가리키며 엄지손가락을 편하게 위로 올리면, 우리은하의 원반은 집게손가락과 나란하고 태양계 원반은 대략 엄지손가락과 나란하다.

우리는 절대 우리은하를 위에서 내려다볼 수 없을 것이다. 우리은하는 너무나 크기 때문에 우리가 만드는 어떤 탐사선도 우리은하를 벗어나지 못할 것이다. 하지만 우리는 우리은하 안에서 우리은하를 관측하여, 멀리서 우리를 내려다보면 어떻게 보일지 알아낼 수 있다. 맑은 날 밤에 우리은하의 원반은 하늘에서 뿌연 빛의 띠로 보인다. 우리는 이것을 은하수라고 부른다. 그 빛은 밝은 별보다 어둡기 때문에 도시에서는 거의 볼 수 없다.

왜 이렇게 보일까? 원반을 냄비 뚜껑처럼 생겼다고 생각하면, 우리 태양은 뚜껑의 중심에 있는 손잡이에서 뚜껑 끝까지의 중간 정도에 위치해 있다. 우리가 하늘을 보면 무엇이 보일까? 우리는 뚜껑 안에 있고, 별들이 뚜껑을 채우고 있다고 상상해보자. 가까이 있는 별들은 하늘 전체의 모든 방향에 흩어져 있는 것으로 보일 것이다. 가까이 있는 별들은 우리를 모든 방향에서 둘러싸고 있기 때문이다. 우리가 냄비 뚜껑을 통과하는 방향으로, 즉 우리은하의 별의 원반을 통과하는 방향으로 본다면 수많은 별들이 밝은 빛으로 빛나는 띠를 이루고 있는 모습이 보일 것이다. 냄비 뚜껑 안에서 다른 방향으로 보면 훨씬 더 적은 수의 별만 보이고, 몇 개의 밝은 별들 너머로는 암흑밖에 보이지 않을 것이다. 우리 눈으로 볼 수 있는 가장 멀리 있는 낱별은 몇천 광년 떨어져 있다. 우리은하의 중심은 우리에게서 약 3만 광년 떨어져 있기 때문에 멀리 있는 별들이 모여서 빛나는 것을 실제 별로 구별해서 보려면 망원경을 이용해야 한다. 빛의 띠에서 별을 구별해서 본 것은 1609년 갈릴레오가 처음이었다.

우리은하에는 당연히 별 이외에도 아주 많은 것들이 있다. 우리는 적어도 전체 별의 절반은 행성들을 가지고 있을 것이라고 생각하고 있다. 우리은하에는 다른 것들도 많다. 작은 우주 먼지 알갱이들, 수소와 헬륨 기체의 구름, 블랙홀과 여러 이상하고 멋있는 것들을 포함해서 말이다. 이들에 대해서는 다음 장들에서 다룰 것이다. 우주 먼지는 우리가 보는 것에 중요한 영향을 미친다. 많은 우주 먼지가 별빛이 우리에게 오는 길목에서 빛을 흡수하여 어둡게 만든다. 먼지가 없었다면 우리은하의 빛의 띠는 훨씬 더 밝게 보였을 것이다. 우주 먼지가 없었다면 밤하늘은, 특히 우리은하에서 오는 빛은 훨씬 더 밝았을 것이다.

우리은하의 정확한 나이는 모른다. 아마도 130억 년도 더 전에, 우주가 아주 젊었을 때 처음으로 만들어졌을 것

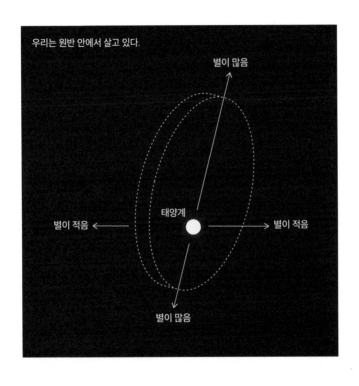

우리는 원반 안에서 살고 있다.

별이 많음

태양계

별이 적음

별이 적음

별이 많음

그림 1.7

은하수가 밤하늘에서 빛의 띠로 보이는 이유.

이다. 우리은하에 거의 우주의 나이만큼 나이가 많은 별들이 있기 때문에 그렇게 생각한다. 하지만 그때는 우리은하가 지금처럼 생기지 않았을 것이다. 별의 원반은 오랜 시간을 거쳐 만들어지고, 그것은 다른 은하들과 충돌하여 섞이기도 했을 것이기 때문이다. 지금의 익숙한 형태가 된 것은 대략 100억 년 전이었을 것이다. 5장에서 이 주제로 다시 돌아오겠다.

우리은하의 크기를 정확하게 알기 위해서는 창의적인 아이디어가 필요했다. 지구가 태양 주위를 돌 때 별들이 배경 별들에 대하여 얼마나 많이 움직이는지를 이용하여 거리를 측정하는 시차로는, 우주망원경으로 측정 가능한 거리를 많이 늘린다 하더라도 지구에서 300광년 정도까지밖에 측정하지 못한다고 했다. 여기서 이야기하고 있는 것은 최대 10만 광년 떨어져 있는, 바로 그 배경 별들이다. 이 별들까지의 거리는 어떻게 알 수 있을까? 이 별들은 지구가 태양 주위를 돌 때 전혀 움직임이 보이지 않는다. 뭔가 다른 방법이 필요하다.

20세기 초 하버드의 천문학자 헨리에타 스완 레빗Henrietta Swan Leavitt은 새로운 접근 방법을 알아낸 핵심 인물이다. 그는 세페이드라고 알려진 형태의 별들을 연구하고 있었다. 세페이드 별은 밝기가 변하는 별로, 크기가 변하면서 밝아졌다 어두워지는 과정을 반복한다. 1908년, 그녀는 이런 별들의 규칙성을 연구하여 원래 더 밝은 별일수록 밝아졌다 어두워지는 시간이 더 오래 걸린다는 사실을 알아냈다. 아주 밝은 것은 몇 주나 몇 달이 걸리기도 했다. 어두운 별은 며칠밖에 걸리지 않았다.

이것은 게임의 판을 바꾸는 발견으로, 레빗의 삶을 살펴보면 더욱 놀라운 것이다. 그는 1868년에 태어나 나중에는 래드클리프Radcliffe 칼리지로 알려지게 되는, 오하이오주의 오버린Oberlin 칼리지에서 공부했다. 이것은 (당시에는 여성을 입학시키지 않던) 하버드대학의 부속 여성 칼리지였다. 그는 음악을 공부했다가 천문학에 흥미를 느꼈지만, 졸업 후에 병에 걸려 심각한 청각 장애를 얻었다. 하지만 천문학에 대한 열정을 이어가 1895년 하버드대학 천문대에서 자원봉사를 시작하여 에드워드 피커링Edward Pickering과 함께 일했다. 몇 년 후에는 시간당 약 30센트를 받으며 별을 찍은 사진 건판을 연구하는 많은 여성 '컴퓨터' 중 한 명으로 고용되었다. 피커링의 프로그램이 목표하는 것 중 하나는 알려진 모든 별들의 밝기 목록을 만드는 것이었다. 여성인 레빗에게는 망원경을 직접 이용하는 것이 허용되지 않았고, 자신의 이론적 아이디어를 탐구할 지적 자유도 주어지지 않았다. 그에게 주어진 일은 서로 다른 날 밤에 찍힌 사진들을 지겹도록 비교하여 밝기가 변하는 별을 찾는 것이었다. 레빗은 그 일을 너무나 잘 해내어 일생 동안 2,000개가 넘는 변광성을 찾아낸 것이 그의 많은 성과들 중 하나가 되었다.

레빗은 마젤란 성운에 있는 별들을 이용하여 세페이드 별들의 밝기 변화의 규칙성을 발견하였고, 이 규칙성은 천문학계에서 레빗의 법칙으로 알려지고 있다. 마젤란 성운은 밤하늘에서 맨눈으로 뿌옇게 보여서 구름으로 착각하기 쉬운 두 개의 천체다. 지금은 우리은하와 별개인 은하들이라는 사실을 알고 있지만, 당시에는 우리은하 안에 있는 별들의 집단이라고 생각했다. 마젤란 성운은 남반구에서만 보인다. 레빗은 페루에서 찍은 사진 건판을 이용하여 25개의 세페이드 별을 찾아서 모두 밝기와 밝기 변화 사이에 특정한 관계가 있다는 것을 밝혀냈다. 레빗의 법칙은 이 별들에서 더 명확하게 나타났다. 이 별들은 모두 지구에서 거의 같은 거리에 있기 때문이다.

레빗의 발견은 너무나 유용했다. 우리는 물리적으로 별로 갈 수는 없지만 망원경으로 보면서 별의 밝기가 변하는 시간은 측정할 수 있다. 밝기가 변하는 시간과 밝기 사이의 관계를 알면 세페이드 별이 우리 바로 옆에 있을 때의 밝기를 알 수 있다. 그러니까 이 별의 원래 밝기를 알 수 있는데, 이것을 우리는 천문학의 '표준촛불standard candle'이라고 부른다. 망원경으로 이 별이 지구에서 얼마나 밝게 보이는지를 측정하면 얼마나 멀리 있는지 알 수 있다. 더 멀리 있을수록 더 어둡게 보일 것이다.

이 세페이드 별 연구는 우리가 우리은하의 가장 먼 곳과 그 너머까지 도달할 수 있게 해주었고, 지금도 우리 우주의 거리를 측정하는 가장 중요한 방법 중의 하나로 사용된다. 1921년부터 1952년까지 하버드대학 천문대 대장을 지낸 미국의 천문학자 할로 섀플리Harlow Shapley는 1919년까지 맥동하는 별들의 성질을 이용하여 우리은하의 크기를 측정하고 우리은하에서의 태양계의 위치를 알아냈다. 그는 당시 세계 최대 망원경이었던 캘리포니아 윌슨산의 60인치(1.5미터) 망원경을 이용하여 '구상성단球狀星團, globular clusters'에 모여 있는 별들까지의 거리를 측정했다. 구상성단은 수십만 개의 별이 중력에 의해 단단하게 묶여 있는 집단으로, 우리은하 전체에 퍼져 있다. 그는 세페이드 별보다 훨씬 더 빨리 맥동하는 종류의 별을 이용했다. 그가 이용한 것은 RR 라이레RR Lyrae라고 불리는 별로, 맥동 속도와 밝기 사이의 관계가 세페이드 별과 유사하다. 이를 통해 우리은하의 별들은 지름 10만 광년의 편평한 원반에 모여 있고, 우리 태양계는 중심에서 가장자리로 가는 중간 정도에 위치해 있다는 것을 알게 되었다.

약 100년 전까지만 해도 사람들은 우리은하가 우주의 전부라고 생각했다. 이제 우리는 우리은하가 혼자가 아니라는 사실을 잘 알고 있다. 우리은하는 아주 많은, 어쩌면 무한히 많은 은하들 중 하나다. 그리고 은하들은 마치 우주의 도시와 같은 곳에 함께 모여 있다. 어떤 은하들은 최대 수백 개의 은하들이 모인 은하군이라고 하는 작은 도시를 이루고, 어떤 은하들은 수백에서 수천 개의 은하들이 모인 더 큰 은하단을 이룬다. 우리은하는 50여 개의 이웃 은하들과 국부은하군局部銀河群, local grouop이라고 불리는 작은 도시를 이루고 있다. 이 은하들 안의 모든 별들과 다른 물질들을 끌어당겨 은하의 집단을 만드는 힘은 중력이다.

우리의 가장 가까운 두 이웃은 마젤란 성운이다. 이 은하들은 우리은하의 아래쪽에 있기 때문에 남반구에 사는 사람들만이 그것을 보는 행운을 누린다. 북반구에 사는 사람들이 남반구로 여행을 가서 갑자기 하늘에서 이들을 보면 깜짝 놀란다. 마젤란이라는 이름은 1500년대에 스페인에서 스파이스 제도로 가는 새로운 항로를 찾기 위한 페르디난드 마젤란Ferdinand Magellan의 전설적인 항해 중에, 이 성운을 처음 본 유럽인들에 의해 지어졌다. 물론 이 은하들은 남반구 사람들에게는 훨씬 더 오래전부터 잘 알려져 있었고, 오스트레일리아, 뉴질랜드, 폴리네시아 원주민들의 구술 문학에도 등장한다.

우리 국부은하군의 크기는 지름 약 1천만 광년으로, 우리은하 지름의 약 100배이다. 국부은하군에는 우리은하를 제외하고 큰 은하가 하나밖에 없다. 안드로메다은하라고 불리는 또 다른 나선 은하다. 안드로메다은하는 200만 광년 떨어진 곳에 있고, 소마젤란성운보다 10배 이상 더 멀리 있다. 지름은 약 20만 광년으로 우리은하의 두 배고, 1조 개의 별이 있다. 국부은하군을 앞에서 계속 이야기했던 농구 코트에 넣는다면 우리은하는 CD 정도의 크기가 되고, 안드로메다은하는 큰 냄비 뚜껑 정도, 그리고 그 둘은 약 3미터 떨어져 있게 된다. 이 스케일에서 대마젤란성운은 포도 정도의 크기, 소마젤란성운은 땅콩 정도의 크기다.

안드로메다은하는 우리가 맨눈으로 볼 수 있는 가장 멀리 있는 천체다. 망원경 없이는 가운데 밝은 부분만 보이기 때문에 마치 별처럼 보인다. 좋은 망원경으로 보면 달보다 크고 팔을 뻗었을 때 가운데 세 개의 손가락 너비와 비슷한 전체 원반을 볼 수 있다. 밤하늘에서 페가수스자리와 카시오페이아자리 사이에서 찾을 수 있다. 이 별자리들에 있는 별들은 모두 우리은하의 별들이지만 더 멀리 있는 안드로메다은하를 찾을 수 있도록 안내해준다.

안드로메다은하는 늦어도 10세기에는 알려져 있었고, 《붙박이별의 서The Persian Book of Fixed Stars》에 등장한다. 이 책에서 안드로메다은하는 '작은 구름'으로 처음 언급되어 있다. 이후 안드로메다은하는 갈릴레오와 동시대에 살았고 목성의 큰 위성 4개에 이름을 붙인 독일의 천문학자 시몬 마리우스Simon Marius에 의해 망원경으로 관측되었다. 이후에는 프랑스의 천문학자 샤를 메시에Charles Messier의 중요한 목록에 등장한다. 메시에는 금성의 식 현상을 관측하는 데 중요한 역할을 한 프랑스의 해군 천문학자 조제프 들릴 밑에서 일하면서 천문학을 시작했다. 1760년에 출판된 메시에의 책에는 그가 성운이라고 부른 100여 개의 목록이 있다. 하늘에서 뿌옇게 보이는 천체이지만 별은 분명히 아닌 것들이다. 이들이 무엇인지는 의문으로 남아 있었다. 당시에는 안드로메다은하와 이런 여러 천체들이 사실 우리은하 밖에 있다는 것을 아무도 몰랐다.

안드로메다은하와 우리은하는 지금은 2백만 광년 넘게 떨어져 있지만, 천문학자들은 이 두 은하가 몇십억 년 후에 충돌할 것이라고 확신하고 있다. 우리는 서로를 향해 초속 80킬로미터 이상의 속도로 날아가고 있으며, 이를 되돌릴 방법은 없다. 은하들의 충돌은 대단한 사건이지만 은하들을 이루고 있는 별과 행성들에게는 큰 피해를 주지 않는다. 우주에서 별은 너무나 작고 별들 사이의 공간은 너무나 넓기 때문에 은하들이 충돌할 때 별들이 물리적으로 충돌할 가능성은 거의 없다(이 주제는 5장에서 다시 다룰 것이다).

국부은하군에 있는 다른 은하들은 우리은하보다 작다. 그중에서 가장 큰 것은 안드로메다보다 약간 멀리 있는 삼각형자리 은하다. 삼각형자리 은하는 삼각형 모양이 아니라 원반 모양이다. 우리은하 별들이 삼각형 모양을 만든 삼각형자리에 있기 때문에 붙은 이름이다. 메시에 목록에서 삼각형자리 은하는 M33이다. 안드로메다은하는 M31인데, 이는 현재 천문학자들이 가장 일반적으로 사용하는 메시에 목록에서의 이름이다. 국부은하군의 다른 은하들 중에서 대략 50개 정도는 위성처럼 우리은하의 주위를 도는 '왜소'은하들이다. 약 20여 개는 안드로메다은하의 주위를 도는 왜소은하들이다. 지금도 우리 주위를 돌고 있는 새로운 왜소은하들이 계속 발견되고 있다.

1920년대가 되어서야 천문학자들은 이 이웃들과 다른 성운들이 사실은 우리은하 밖에 있는 천체들이라는 사실을 알아냈다. 그 가능성을 두고 오랫동안 천문학자들을 비롯한 여러 지식인들은 논쟁을 벌였다. 그중 가장 유명한 것은 미국의 천문학자 히버 커티스Heber Curtis와 할로 섀플리 사이에 있었던 '대논쟁the Great Debate'이다. 1920년 4월의 어느 월요일 오후에 있었던 두 강연에서 두 천문학자는 이 성운들의 정체와 이들이 우주의 규모와 본질을 이해하는 데 어떤 의미를 가지는지에 대해 논쟁했다. 섀플리는 우리은하가 존재하는 전부이며 우주는 단 하나의 은하로 이루어져 있다고 주장했다. 커티스는 성운들 중의 일부는 사실 우리은하와 구별되는 별도의 은하, 혹은 '섬 우주'라고 주장했다. 섬 우주는 100년도 더 전에 성운들이 우리은하 밖에 있다고 추론한 철학자 이마누엘 칸트Immanuel Kant에게서 빌려온 용어이다.

1924년 에드윈 허블이 이 논쟁을 종식시키는 데에는 세페이드 별의 맥동 규칙에 대한 헨리에타 레빗의 1908년 발견이 핵심적인 역할을 했다. 허블은 밤하늘의 어두운 뿌연 빛에서 세페이드 별을 찾아서 이들이 우리은하 밖에 있어야만 한다는 사실을 알아냈다. 그 별들은 우리은하 안에 있기에는 너무 어두웠다. 4장에서 이 주제로 다시 돌아오겠다.

시야를 우리 국부은하군이나 은하단에서 더 밖으로 넓히면 더 큰 규모의 천체를 발견할 수 있다. 그것은 우리 우주에서 우리가 볼 수 있는 가장 큰 규모의 물체인 초은하단이다. 수백 개의 은하단과 은하군으로 이루어진 초은하단은 개별 은하나 은하단에 비해 정의하기가 쉽지 않다. 명확한 경계를 가지고 있지 않기 때문이다. 사실 천문학자들은 아직도 우리의 초은하단이 어디에서 시작되고 어디에서 끝나는지에 대한 의견을 일치시키지 못하고 있다.

초은하단의 은하단과 은하군, 개별 은하들은 중력으로 서로 묶여 있다. 이것이 초은하단을 느슨하게 정의하는 방법이다. 초은하단의 경계를 정의하는 한 가지 방법은, 은하단이나 개별 은하가 다른 초은하단에 속한 대상보다 자신이 속한 그 초은하단의 다른 구성원을 향해 움직이는지를 보는 것이다. 하지만 초은하단 구성원이 되는 명확한 자격에 대한 합의는 없다. 어떤 천문학자들은 초은하단을 미래에 결국에는 서로를 향해 뭉치게 될 천체들의 집단으로 생각해야 한다고 주장한다.

2014년까지 천문학자들은 우리가 속한 초은하단이 약 100개의 은하단과 은하군이 모인 처녀자리 초은하단이라는 데 대부분 동의하고 있었다. 처녀자리 초은하단은 전체가 약 백만 개의 은하들로 구성되어 있는데, 그 이름은 포함된 은하단 중 가장 큰 은하단의 이름에서 따온 것이다. 천문학자들은 처녀자리 초은하단을, 끝에서 끝까지의 거리가

1억 광년이 넘어 국부은하군보다 약 10배 더 크다고 계산했다. 1970년대와 1980년대에 먼 은하들에 대한 새로운 전하늘 관측이 이루어진 후에야 처녀자리 초은하단의 모양을 알 수 있었다. 관측 결과 가장 큰 부분은 럭비공처럼 길쭉한 공 모양이었고, 중심에는 큰 은하단이 있었으며, 주위에는 작은 은하단들이 긴 줄 모양의 필라멘트를 이루고 있었다.

그런데 최근 우리 초은하단 주위에 있는 초은하단에 속한 은하들의 움직임을 더 자세히 살펴본 결과 우리 초은하단의 경계가 훨씬 더 밖으로 그려져야 하는 것으로 보였다. 그러면 처녀자리 초은하단은 훨씬 더 큰 초은하단의 한쪽 구석에 있는 것이 된다. 처녀자리 초은하단과 다른 초은하단으로 여겨지던 3개의 다른 집단이 결합된, 하와이어로 '측정 불가능한 하늘'이라는 의미인 라니아케아Laniakea라는 이름의 초은하단이다. 라니아케아는 지름이 처녀자리 초은하단보다 약 5배 더 크고 불규칙한 모양을 가지고 있다. 라니아케아가 농구 코트 크기라면 우리 국부은하군은 수박 정도밖에 되지 않는다. 하지만 라니아케아가 초은하단인지는 아직 불확실하다. 2015년 연구는 구성원인 은하와 은하단들이 미래에는 서로 멀어지게 될 것이라고 보여주기 때문이다.

라니아케아는 너무나 크기 때문에 우리가 그 경계를 본다면 수억 년 전의 과거를 보는 것이 된다. 그 먼 곳에서부터 지금 우리의 망원경에 도착하는 빛은 공룡이 살던 시대보다 더 전에 출발한 것이다. 그 빛이 우주 공간을 여행하는 중에 공룡이 등장하여 살았고, 그 빛이 처녀자리 초은하단의 경계에 도착했을 때쯤 멸종했다. 그리고 그 빛이 우리 은하에 도착하여 우리에게 오기까지 약 6천만 년이 더 걸렸다.

처녀자리 초은하단이나 라니아케아 같은 초은하단의 규모를 알아내기 위해서는 새로운 측정 방법에 의존해야 한다. 강력한 망원경으로 볼 수 있는 가장 멀리 있는 세페이드 별은 약 1억 광년 거리에 있는데, 이 정도 거리는 이런 초은하단의 아주 일부밖에 되지 않기 때문이다. 더 멀리 있는 은하들까지의 거리를 측정하기 위해서는 또 다른 표준 촛불을 이용해야 한다. 엄청난 밝기로 폭발하여 잠시 동안은 수십억 개의 별을 가진 은하 전체보다 더 밝게 빛나는 별이다. 이것은 다음 장에서 살펴볼 백색왜성이라는 별이다. 백색왜성은 질량이 태양 질량의 1.4배보다 커지면 불안정해진다. 이 특별한 질량은 1930년에 인도의 천체물리학자 수브라마니안 찬드라세카르Subrahmanyan Chandrasekhar가 계산한 것이다. 폭발은 서로의 주위를 돌던 두 백색왜성이 결합을 하거나 한 백색왜성이 갑자기 불안정해진 짝별의 물질을 끌어당길 때 일어난다. 이것이 어떻게 일어나는지 정확한 원리는 아직 모르지만, Ia형 초신성이라는 이름이 붙은 폭발이 이와 비슷한 형태를 가지고 있다. 이들은 점점 밝아졌다가 며칠 혹은 몇 주 동안 어두워진다. 천문학자들은 이들의 최대 밝기와 밝기가 얼마나 오랫동안 유지되는지가 예측할 수 있는 방법으로 연관성이 있다는 것을 알아냈다. 세페이드 별에서 사용한 것과 같은 원리로, 우리는 초신성의 밝기가 유지되는 시간을 이용하여 초신성의 원래 밝기를 알아낸 다음, 지구에서 얼마나 밝게 보이는지를 측정하여 그 폭발이 얼마나 먼 곳에서 일어났는지 알아낼 수 있다. 이런 초신성들은 170억 광년까지 멀리 있는 은하들의 거리를 측정할 수 있게 해준다. 우리 초은하단보다 훨씬 더 멀고 우리 우주의 가장 먼 곳까지 이르는 거리다.

이제 우리는 마지막 단계로, 관측 가능한 우리 우주 전체를 볼 수 있는 특별한 지점에 도달했다. 이렇게 가장 큰 규모에서 우리 우주는 초은하단의 복잡한 그물망처럼 보이고, 총 약 1천억 개의 은하를 포함하고 있다. 이 은하들은 자기들끼리 더 작은 규모의 은하단이나 은하군으로 함께 모여 있다. 각각의 은하들은 약 1천억 개의 별을 가지고 있고, 이 별들 중 많은 수가 자신의 주위를 도는 행성계를 가지고 있을 것이다. 그렇게 많은 수가 있기 때문에 대부분의 천문학자들은 우주의 다른 곳에 어떤 형태의 생명체가 존재할 것이라는 사실을 의심하지 않는다.

'관측 가능한' 우주란 우리가 지구에서 볼 수 있는 우주를 의미한다. 그 한계는 우리 망원경이 얼마나 좋으냐가 아니라 우주의 나이가 얼마나 되느냐로 결정된다. 우리가 알고 있는 우주가 언제나 이런 모습이었던 건 아니다. 멀리 있는 어떤 은하를 볼 수 있다는 것은 그 빛이 우주 공간을 통과하여 지구까지 오는 데 어느 정도의 시간이 걸렸다는 것을 의미한다. 아주 멀리 있는 은하, 그러니까 너무 멀리 있어서 그 빛이 우리에게 도착할 시간이 아직 부족한 은하는 우주의 지평선 너머에 있기 때문에 우리가 볼 수 없다.

그렇다면 이 지평선은 얼마나 멀리 있을까? 4장에서 우주의 탄생과 나이에 대한 주제를 다룰 것이다. 지금은 천문학자들이 우주의 지평선을 우리에게서 모든 방향으로 약 500억 광년이라고 계산했다는 것만 언급하겠다. 이것은 우리가 지금 알고 있는 우주의 나이 동안 빛이 이동할 수 있는 거리인 138억 광년보다 크다. 우주가 그 시간 동안 커졌기 때문이다. 그러니까 우리가 관측할 수 있는 우주는 지구를 중심으로 한 구형이다. 당연하게도 이것은 지구가 우주의 중심이라는 의미가 아니다. 우리는 그저, 정의상 우리가 볼 수 있는 부분의 중심에 있을 뿐이다. 이제 관측 가능한 우주 전체를 농구 코트 크기라고 한다면 우리의 고향인 라니아케아 초은하단은 중심에 있는 쿠키 정도의 크기가 될 것이다.

이런 아주 먼 은하와 초은하단까지의 거리를 알아내는 데에도 밝은 초신성을 사용할 수 있다. 초신성은 우리가 볼 수 있는 경계 가까이까지 우리를 데려다준다. 그런데 우리의 관측 가능한 우주 경계까지 보게 되면 우리는 유리하기도 하고 불리하기도 한 천문학의 특별한 문제를 해결해야 한다. 그것은 먼 우주를 관측할 때 나타나는 타임머신의 본성이다. 우리의 현재 우주는 모든 곳이 은하와 은하단, 초은하단으로 가득 찬 비슷한 모습이지만 우리는 이를 약간 이상한 방식으로 본다. 빛이 우리에게 도착하는 데 시간이 걸리기 때문이다. 우주에 있는 물체는 무엇이든 빛이 출발할 때의 모습으로 보인다. 우주의 가장 가까운 부분은 수백에서 수천 년 전의 모습이다. 더 먼 부분은 우주가 훨씬 더 젊었을 때인 수백만에서 수십억 년 전의 모습을 보여준다. 보이는 우주의 경계 근처에서는 나이가 더 많은 부분과는 상당히 다른 모습의, 아주 젊은 우주를 볼 수 있다. 지금은 그렇게 먼 곳도 아마 우리 근처의 우주와 닮은 모습으로 진화했을 것이다.

이것은 놀라우면서도 혼란스럽다. 우리는 절대 바로 지금 우주 전체가 어떠한 모습인지 볼 수 없다는 의미이기 때문이다. 하지만 이것은 동시에 우리가 과거를 볼 수 있고, 우주의 다른 부분이 어떻게 생겼었는지 알 수 있다는 뜻이기도 하다. 이는 우리가 어떻게 여기까지 오게 되었는지에 관한 퍼즐 조각을 맞출 수 있게 해주기 때문에 기막히게 도움이 된다. 어떤 외계인이, 모두가 정확하게 80세인 인간 집단을 마주쳤다고 생각해보자. 외계인들은 이 집단만 보고는 인간이 어떻게 시작되었는지, 어떻게 태어나고 어떻게 자랐는지 알아내기가 무척 어려울 것이다.

이번에는 외계인들이 여러 나이대의 사람들로 이루어진, 즉 갓난아이와 어린이, 청년, 중년, 노년의 사람들이 섞여 있는 집단을 보게 되었다고 생각해보자. 그러면 인간의 삶의 경로와 각 단계에서의 특징에 대해 훨씬 더 쉽게 추정할 수 있을 것이다. 우리가 먼 우주의 다른 은하와 별들의 과거 모습을 보게 되면 비슷한 효과를 얻을 수 있다. 이것은 태양계를 포함하여 우주에서 우리가 있는 부분이 지난 수백만 년에서 수십억 년 동안 어떻게 변해왔는지 이해하는 데 도움을 준다.

우리는 지구에서 출발하여 우주에서 가장 큰 것까지 점점 더 밖으로 향하는 여행의 막바지에 이르렀다. 우주에서 우리의 전체 주소를 쓴다면 이런 식이 될 것이다. 지구, 태양계, 태양 주변, 우리은하, 국부은하군, 처녀자리 혹은 라니아케아 초은하단, 관측 가능한 우주. 세계 지도책을 볼 때와 마찬가지로 우리는 이렇게 다양한 규모와 지역을 한눈에 보는 것은 피하려 한다. 우리의 뇌는 다른 종류의 크기와 여러 수준의 세부적인 것을 동시에 잘 다루지 못한다. 지도책을 볼 때 우리는 세계 지도를 본 다음, 나라의 지도를 보고, 그다음은 지역, 그리고 마지막으로 도시를 본다. 천문학에서도 마찬가지다. 우주 각각의 영역은 한 단계 크거나 작은 규모와의 연관성을 고려하여 생각하면 다룰 수 있게 된다.

지도책을 볼 때처럼 가장 높은 수준, 우주 전체의 지도를

그림 1.8
천체의 규모. 각 영역을 농구 코트에 넣었을 때 각 천체는 어느 정도의 크기일지 어림잡아 보았다.

상상한 다음 한 단계씩 완전히 다른 곳으로 내려갈 수 있다. 다른 초은하단, 다른 은하군, 다른 은하, 다른 별과 다른 행성으로. 우리 지구는 수많은 최종 종착지들 중 하나일 뿐이다.

지평선 밖의 우리 우주는 어떻게 생겼을까? 우리가 볼 수 있는 부분보다 아주 먼 곳도 거의 비슷하지 않을까 생각한다. 우리는 우주에 끝이 있다고 생각하지 않는다. 이 내용은 4장에서 다시 다룰 것이다. 우주는 아마도 무한할 것이다. 시각적으로 표현하기는 쉽지 않다. 우주가 아무리 크더라도 비슷한 것을 더 많이 가지고 있는 모습일 것이다. 더 많은 초은하단, 더 많은 은하, 더 많은 별과 행성들을. 지루하게 들릴 수도 있겠지만 잠시만 생각해보면 저 바깥에 얼마나 많고 다양한 것이 있을지 상상해볼 수도 있다. 얼마나 많은 은하와 별과 행성들이 있을 것이며, 그중 얼마나 많은 곳에 생명체가 있을까?

2장

우리는 별의 잔해

이 장에서 우리는 태양에서부터 우리은하 너머 멀리까지 하늘에서 빛나는 별에 대하여 더 많은 것을 알아볼 것이다. 별은 열과 빛과 생명의 기원으로 우리 존재의 근원이 된다. 별은 우리가 숨 쉬는 공기와 우리가 먹는 음식과 우리의 몸을 구성하는 세포들의 기본적인 재료를 만든다. 우리는 별이 어떻게 빛나고, 어떻게 살다 죽으며, 주위에 어떤 다른 세계를 가지고 있는지 알아볼 것이다. 별의 모든 찬란한 아름다움을 알기 위해서는 천문학의 기본적인 도구들을 먼저 이해해야 한다. 그건 바로 빛과 망원경이다.

빛은 한 시간에 11억 킬로미터라는 엄청난 속도로 우주 공간을 날아간다. 우리는 빛을 우리에게 도달하는 일련의 파동들의 움직임이라고 생각할 수 있는데, 각 파동은 호수에 돌이 던져졌을 때의 물결처럼 아래위로 움직인다. 호수의 물결은 파동의 마루 사이의 간격이 일정하고, 파장은 수십 센티미터가 될 수 있다. 특정한 파장을 가지는 빛도 마루 사이의 간격이 일정하다. 진화를 거치며 인간이 볼 수 있게 된 빛은 매우 특별한 종류로, 빨간색부터 보라색까지,

무지개의 모든 색깔로 이루어져 있다. 우리의 눈은 다른 파장의 빛을 다른 색으로 인식하며, 우리가 볼 수 있는 빛의 파장은 연못 표면에 생긴 파동의 파장보다 훨씬 더 짧다. 빨간색은 우리가 볼 수 있는 가장 긴 파장인데, 마루 사이의 간격이 1,000분의 1밀리미터보다 더 작다. 그다음으로 주황, 노랑, 초록, 파랑, 남색으로 가면서 파장이 짧아진다. 보라색이 가장 짧은 파장을 가지는데, 빨간색 파장의 절반 정도가 된다.

우리가 보는 태양이나 램프에서 나오는 흰색이나 노르스름한 빛은 무지개의 모든 색을 포함하는 여러 파장의 파동들로 이루어진 것이다. 1672년 유리 프리즘으로 빛을 굴절시키는 실험으로 이 사실을 처음 알아낸 사람은 아이작 뉴턴이다. 빛은 공기보다 유리나 물에서 더 느리게 움직이고, 파장이 짧을수록 더 많이 느려진다. 그래서 파란색 빛은 빨간색 빛보다 유리를 더 느리게 통과하고, 이 효과 때문에 파란색 빛이 유리로 들어가면 빨간색보다 더 많이 휘어진다. 프리즘으로 들어가는 빛은 흰색이지만 무지개 색으로 갈라져서 나온다. 하늘에 있는 무지개에서도 똑같은 효과를 볼 수 있다. 여기서는 햇빛이 수많은 물방울들을 통과하면서 휘어져 눈에 보이는 모든 파장의 빛들로 나누어진다.

가시광선으로 이루어진 이 무지개는 우리에게 가장 익숙한 색이고, 우리 눈은 빛의 이 특정한 파장을 볼 수 있도록 진화했다. 우리 태양이 이 빛을 가장 많이 방출하기 때문이

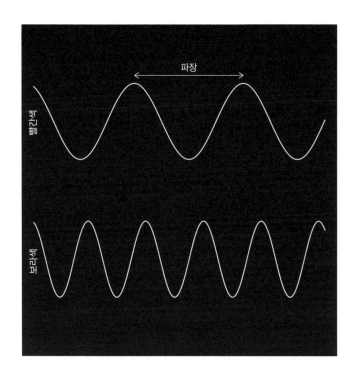

그림 2.1

빛의 색은 파장으로 결정된다.

다. 하지만 우리가 보는 것은 자연에 있는 전체 빛의 일부일 뿐이다. 빛은 훨씬 더 긴 파장과 훨씬 더 짧은 파장도 가지고 있다. 우리 눈이 볼 수 없는 적외선이나 자외선, 전파와 같은 빛들이다.

천문학을 하기 위해서는 하늘에 있는 천체에서 오는 빛을 보아야 한다. 우리의 눈은 기적 같은 기관이지만 두 가지 명확한 한계를 가지고 있다. 우리는 광원을 확대해서 볼 수 없고, 가시광선이 아닌 빛을 볼 수 없다. 천문학자들은 오랫동안 이 한계를 극복하기 위해 노력해왔고, 그 중심에는 지난 400년 동안 우리가 개발해온 다양한 종류의 천체망원경들이 있다.

최초의 망원경들은 우리가 가장 잘 아는 종류의 망원경이다. 그건 바로 가시광선의 빛을 유리 렌즈를 이용하여 모으는 굴절망원경이다. 빛은 휘어진 모양의 렌즈에 어떤 각도로 들어오면 휘어진다. 유리가 빛의 속도를 느려지게 하기 때문이다. 렌즈에 여러 선의 빛이 들어오면 렌즈의 모양에 따라 작은 영역을 향해 휘어진다. 그러면 두 번째 렌즈인 작은 접안렌즈로 그 빛을 휘어지게 하여 우리 눈을 향해 똑바로 들어오게 만든다. 이렇게 여러 선의 빛을 하나로 모으면 상이 확대되며 밝아진다. 첫 번째 렌즈인 '대물렌즈'가 클수록 더 많은 빛이 모인다. 최초의 망원경은 1600년대 초에 네덜란드의 안경 제조업자인 한스 리퍼세이Hans Lippershey, 야코프 메티우스Jacob Metius, 자카리아스

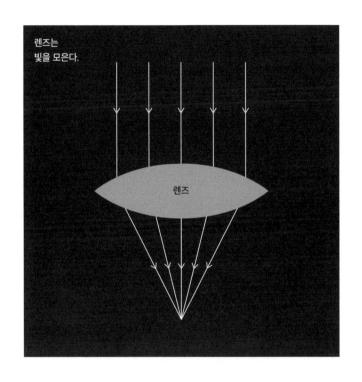

그림 2.2

렌즈는 빛의 방향을 바꾼다.

얀선Zacharias Janssen에 의해 만들어졌다. 이들은 두 개의 안경 렌즈를 이용하면 상을 확대할 수 있다는 사실을 발견했다. 처음에 '루커looker'로 알려졌던 이것은 바다에서 적의 배를 보기 위해 네덜란드 군대에서 적극적으로 사용되었다. 이 아이디어는 베네치아에 있는 갈릴레오에게까지 알려졌고, 그는 1609년 지름 4센티미터의 렌즈를 이용하여 상을 약 20배 확대할 수 있는 망원경을 직접 만들었다. 앞에서 보았듯이 그는 이것을 하늘로 향하여 달의 크레이터와 목성의 큰 위성들을 발견하였다. 그는 맨눈으로는 보이지 않는 별들도 볼 수 있었는데, 그중에서 가장 크고 밝은 별들을 '7등급'으로 분류했다. 그때까지 관측되어 분류된 어떤 별보다 어두운 별이었다.

1611년 요하네스 케플러가 갈릴레오 망원경의 설계를 개선했다. 갈릴레오는 접안렌즈로 오목렌즈를 사용하였는데, 케플러는 이것을 볼록렌즈로 바꾸었다. 그리고 접안렌즈를 대물렌즈에서 멀리 두어 모든 빛의 선이 대물렌즈에서 휘어져서 한 점에 모인 다음 더 진행하여 접안렌즈에 도달하게 했다. 이렇게 설계된 망원경에서는 상이 뒤집어지지만 더 넓은 하늘을 동시에 볼 수 있게 된다. 케플러의 설계를 적용한 굴절망원경은 아마추어 천문학에서 흔히 사용되고 있고 많은 전문적인 망원경에도 사용되고 있다. 현재 사용되고 있는 가장 큰 굴절망원경은 렌즈의 지름이 1미터로, 위스콘신의 여키스 천문대Yerkes Observatory에 있다. 전문적으로 이용되는 상은 눈으로 보는 대신, 지금은 디지털 카메라에 기록된다.

굴절망원경은 1미터보다 커지기 어렵다. 중력 때문에 렌즈가 변형되기 때문이다. 이 한계를 극복하기 위해 전문적인 큰 망원경들은 반사망원경으로 만들어진다. 렌즈 대신 휘어진 거울로 빛을 모아서 초점에 있는 접안렌즈나 카메라로 반사시킨다. 반사망원경은 굴절망원경보다 훨씬 더 크게 만들 수 있어서 높은 해상도를 제공해준다. 최초의 반사망원경 중 하나는 1668년 아이작 뉴턴이 지름이 2.5센티미터가 조금 넘는 거울을 이용하여 만든 것이다.

반사망원경은 우리가 먼 우주를 볼 수 있는 능력을 혁명적으로 개선했다. 현재 가장 큰 반사망원경은 거울의 지름이 8~10미터이고, 이 정도 규모의 망원경으로는 27등급의 천체들을 관측할 수 있다. 이것은 어두운 하늘에서 맨눈으로 볼 수 있는 가장 어두운 별보다 21단계 더 어두운 것으로, 수억 배나 더 어둡다. 먼 천체들을 훨씬 더 자세하게 보기 위해 천문학자들은 칠레에 거대 마젤란 망원경Giant Magellan Telescope을 만들고 있다. 여기에는 지름 8미터의 거울 7개를 결합하여 2020년대에 가동을 시작할 때에는 지름 20미터 이상의 거울이 될 것이다. 유럽 남부 천문대도 '초거대 망원경Extremely Large Telescope'이라는 이름의, 지름 40미터짜리 망원경을 만들고 있다.

대부분의 망원경은 지상에서 작동된다. 그러면 대기를

통과해서 보아야 하기 때문에 상의 질에는 한계가 있다. 별을 반짝거리게 만드는 것과 동일한 영향으로, 확대된 별이나 은하의 상이 흐릿해진다. 이 문제는, 별빛이 통과해야 할 대기가 적은 높은 곳에 망원경을 설치하거나, 공기가 건조하고 구름이 없으며 대기가 안정적인 장소를 선택하면 약간 극복할 수 있다. 가장 좋은 곳은 하와이 마우나케아Maunakea 화산, 칠레의 산들과 카나리아 제도의 화산들 등이다.

우주에 있는 망원경은 훨씬 더 선명하게 볼 수 있다. 천문학자들은 1920년대부터 야심을 가지고 있었지만 거울 지름 약 2.5미터의 반사망원경인 유명한 허블 우주망원경이 지구 궤도로 발사된 것은 1990년이었다. 우주에 망원경을 올려놓는 긴 여정은 1946년에 대형 우주망원경 아이디어를 제안했던 미국의 천문학자 라이먼 스피처Lyman Spitzer가 이끌었다. 천문학계는 1960년대에 이 프로젝트의 중요성을 확신했고, 1970년에는 나사의 지원을 받았다. 이 프로젝트는 거의 중단될 뻔했다. 1974년 미국 의회가 재정 문제로 자금 지원을 중단했기 때문이다. 프린스턴대학에 있던 라이먼 스피처와 존 바칼이 이끄는 천문학자들은 강력한 로비를 벌여 몇 년 후에 다시 지원을 받아냈다. 허블 우주망원경은 1990년에 발사되었지만 고난은 아직 끝나지 않았다. 망원경이 상을 보내오기 시작하자 망원경의 거울이 잘못 제작되었다는 것이 분명해졌다. 상의 질이 너무 나빴기 때문이다. 1993년 나사의 우주비행사들은 영웅적인 임무 수행으로 거울을 수리하여 허블 우주망원경이 20년이 넘도록 천문학계에 엄청난 기여를 할 수 있게 해주었다. 허블 우주망원경은 천문학 역사에서 가장 기념비적인 사진들을 제공해주었다.

1930년대까지 망원경이 모으고 확대할 수 있는 빛은 가시광선뿐이었다. 지금은 모든 종류의 빛을 관측하는 여러 종류의 망원경들을 이용하여 우주의 전체 모습을 볼 수 있다. 많은 빛은 지구의 대기를 통과하지 못하기 때문에 우주에서만 볼 수 있다. 이제 이 여러 종류의 빛을 살펴볼 텐데, 우리가 볼 수 있는 빛보다 긴 파장의 빛을 먼저 살펴본 후 반대쪽의 파장이 짧은 빛을 살펴보겠다.

우리 눈으로 볼 수 있는 빛보다 약간 더 긴 파장을 가진 빛을 **적외선**赤外線, infrared light이라고 한다. 태양이 지구로 보내는 에너지의 약 절반이 이 형태로 온다. 적외선은 우리 몸을 포함한 모든 따뜻한 물체에서도 나온다. 그래서 연기로 가득 찬 건물에서 따뜻한 몸을 찾기 위하여 적외선 카메라를 사용하는 소방관 같은 사람들에게 유용하다. 어떤 동물들―뱀, 피라냐, 모기 등―은 눈 또는 몸의 어떤 곳에서 적외선을 감지할 수 있고, 우리도 피부로 열을 느낄 수 있다.

적외선은 1800년 윌리엄 허셜이 유리 프리즘으로 빛을 무지개 색으로 분해하는 실험을 하던 도중에 처음으로 발견하였다. 그는 각각의 색의 온도를 측정하기 위해서 온도계를 각각의 무지개 색에 놓아보았다. 그는 빨간색 빛이 보라색 빛보다 온도가 더 높다는 것을 발견하였고, 그 실험 과정에서 온도계를 무지개 색의 빨간색 부분 바로 바깥으로 움직여보았다. 놀랍게도 그는 그곳의 온도가 다른 모든 부분보다 더 높다는 사실을 발견했다. 그는 따뜻하면서도 우리 눈에는 보이지 않는 새로운 종류의 빛을 발견한 것이 분명하다고 생각했다.

이 적외선을 관측할 수 있도록 설계된 망원경은 우주에 있는, 따뜻하지만 가시광선을 방출하지는 않는 천체들을 보는 데 특히 유용하다. 이런 망원경은 가시광선 망원경과 같은 방식으로 작동하지만 빛을 눈이나 CCD 관측기가 장착된 광학 카메라로 보내는 대신 파장이 더 긴 적외선 빛을 검출할 수 있도록 설계된 관측기가 장착된 카메라로 보낸다. 사실 우리가 가진 휴대전화 카메라 대부분은 적외선을 일부 볼 수 있게 되어 있다. 리모컨을 휴대전화 카메라로 향하고 버튼을 누른 상태에서 사진을 찍어보면 이를 알 수 있다. 리모컨은 신호를 전달하기 위해 적외선을 방출하기 때문에 버튼을 누르면 적외선이 카메라에 밝은 점으로 나타날 것이다.

적외선은 우주에 있는 기체나 먼지구름과 같이 가시광선을 차단하는 물질을 통과할 수 있어서 우주의 숨겨진 부분을 볼 수 있게 해주기 때문에 천문학에서 특히 중요하다. 그런데 우리 대기에 있는 두꺼운 수증기, 이산화탄소, 메탄

이 우주에서 오는 대부분의 적외선을 차단하기 때문에 가장 좋은 적외선 망원경은 대기를 벗어나 우주에서 작동하는 망원경이다.

보이지 않는 빛의 스펙트럼을 계속 살펴나가면, 파장이 적외선보다 긴 약 1밀리미터에서 최대 10센티미터인 빛 **마이크로파**microwave가 나온다. 이것은 아마도 우리에게 가장 익숙한 빛일 것이다. 우리 주위에서 흔히 보는 전자레인지 덕분이다. 전자레인지는 밀폐된 공간을 가득 채운 마이크로파가 계속해서 벽에 부딪히면서 작동한다. 이 빛은 음식 안에 있는 물 분자를 회전시키고 가까이 있는 다른 분자와 충돌하게 하여 음식을 가열한다. 구식 전자레인지로 빛이 움직이는 패턴을 볼 수 있는 재미있는 실험이 있다. 종이 위에 초콜릿 조각을 놓고, 회전하는 부분을 뗀 전자레인지에 넣고 몇 초간 돌린다. 대부분의 초콜릿은 그대로 있고 약 6센티미터 간격으로만 초콜릿이 녹아 있는 것을 볼 수 있을 것이다. 이 뜨거운 지점들이 전자레인지 안을 돌아다니는 빛의 진폭이 최대가 되어 빛이 가장 강한 곳이다. 전자레인지 안의 음식을 회전시키는 이유는 음식의 같은 부분이 계속 가장 뜨거운 지점에 놓여 있지 않도록 하기 위한 것이다. 이 실험은 회전판이 없는 전자레인지로는 할 수 없다. 회전판이 없는 제품은 마이크로파의 광원이 회전하기 때문에 초콜릿을 골고루 녹인다.

우리는 음식을 데우는 일 외에도 마이크로파를 많이 사

용한다. 예를 들어 어떤 기기를 와이파이에 연결하면, 마이크로파가 가장 가까이 있는 라우터와 휴대폰, 혹은 컴퓨터 사이를 오가며 정보를 전달하여 당신을 세상과 연결시켜준다. 수많은 인공적인 마이크로파 잡음은 천문학자들이 밤하늘에서 약한 마이크로파를 방출하는 천체를 구별하기 어렵게 만들 수 있다. 우리는 우리가 만들어낸 신호에 묻히지 않도록 마이크로파 망원경을 주의 깊게 설계해야 한다. 천문학의 중요한 마이크로파 신호는 우리가 볼 수 있는 우주의 가장 먼 곳에서 온다. 이 내용은 4장에서 다룰 것이다.

　가장 긴 파장의 빛은 약 10센티미터에서 수 킬로미터에까지 이르는 파장을 가진다. 이것은 **전파電波, radio wave**이고, 마이크로파처럼 우리 주위 어디에나 있다. 전파는 언제나 우리를 통과하여 지나다닌다. 전파는 벽을 통과할 수 있기 때문에 집 안에 있는 라디오나 텔레비전이 전파 신호를 받아서 소리와 영상으로 바꿀 수 있는 것이다. 라디오나 텔레비전 신호만이 아니라 우리는 현대의 통신에서 전파를 계속 이용하고 있다. 특히 우리의 휴대전화는 파장이 약 30센티미터인 전파를 주고받는다. 전화기에 대고 말을 하면 우리의 말을 암호화한 전파가 전국에 흩어져 있는 송신탑들을 통하여 우리가 이야기하고자 하는 사람의 전화기로 전달된다. 신호가 한 사람에게서 다른 사람에게 전달되는 데에는 몇 밀리초밖에 걸리지 않기 때문에 우리는 거의 실시간으로 통화를 할 수 있다.

천문학자들은 우주에서 오는 전파를 이용하여 수많은 흥미로운 연구를 해오고 있다. 빠르게 회전하는 별들을 발견하고 연구하였으며, 은하들의 중심에 있는 초거대 블랙홀로 빨려 들어가는 물질이 만든 회전 원반과 그 블랙홀에서 가끔씩 나오는 거대한 제트도 보았다. 이들에 대해서는 이 장과 다음 장에서 더 다룰 것이다. 전파는 지구의 대기를 통과할 수 있다. 전파의 파장은 대기에 있는 분자들의 크기보다 훨씬 더 길기 때문에 산란되거나 흡수되지 않는다. 이것은 우리가 지상에 전파망원경을 만들 수 있고, 낮에도 그것을 사용할 수 있다는 것을 의미한다. 전파망원경은 대체로 광학망원경이나 적외선망원경보다 훨씬 큰 접시를 가지고 있다. 파장이 긴 빛을 가지고 같은 수준으로 자세히 보기 위해서는 더 큰 거울이 필요하기 때문이다. 전파망원경의 접시는 가시광선 망원경의 카메라에 해당되는 전파 수신기를 향해 전파를 반사시킨다. 가장 잘 알려진 전파망원경으로는 푸에르토리코의 계곡에 건설된 지름 300미터의 아레시보Arecibo 망원경과 지름이 100미터인 웨스트버지니아의 그린뱅크Green Bank 망원경, 독일의 에펠스베르크Effelsberg 망원경이 있다. 영국 조드렐 뱅크Jodrell Bank의 러벨Lovell 망원경도 지름 80미터로 비슷하게 크다.

천문학자들에게 중요한 것은 마이크로파의 경우와 마찬가지로 사람이 사용하는 전파통신의 간섭이 가장 적은 곳을 찾는 것이다. 현재 가장 좋은 두 곳은 남아프리카의 카루Karoo 사막과 서호주의 사막 같은 평원이다. 둘 다 사람이 살기 어려운 곳이라 전파 잡음이 거의 없다. 많은 작은 망원경들이 넓게 분포하고 있는 제곱킬로미터 배열SKA, Square Kilometer Array이라는 이름의 거대한 전파망원경 네트워크가 두 곳에 만들어지고 있다. 컴퓨터를 이용하여 모든 작은 망원경에 동시에 도착하는 신호를 찾아 이 망원경들을 하나의 망원경처럼 작동시키면 킬로미터 규모의 망원경처럼 빛을 모을 수 있고, 하나의 접시로 보는 것보다 훨씬 더 자세히 볼 수 있다. 더 야심 찬 계획은 인공적인 전파가 확실하게 막혀 있는 달의 뒤편에 미래의 전파망원경을 건설하는 것이다.

이제 무지개의 가시광선보다 파장이 더 짧은 쪽으로 가면 제일 먼저 **자외선**紫外線, ultraviolet이 있다. 우리 눈이 볼 수 있는 범위의 바로 바깥쪽에 있으며, 호박벌을 포함한 여러 종류의 곤충과 벌은 볼 수 있다. 자외선의 파장은 수백만분의 1밀리미터에 이를 정도로 짧기 때문에 시각화하기가 어렵다. 우리는 자외선이 햇빛 중에서 해로운 부분이고, 많이 받으면 피부를 해칠 수도 있다고 잘 알고 있다. 다행히도 대부분의 자외선은 지구 대기의 오존에 차단된다.

자외선은 독일의 화학자이자 물리학자인 요한 리터Johann Ritter가 1801년에 발견했다. 얼마 전에 있었던 허셜의 적외선 발견에 영감을 받아 그는 무지개의 다른 쪽 끝을 조사해 보기로 했다. 그는 빛을 받을 때만 검게 변하는 염화은 화

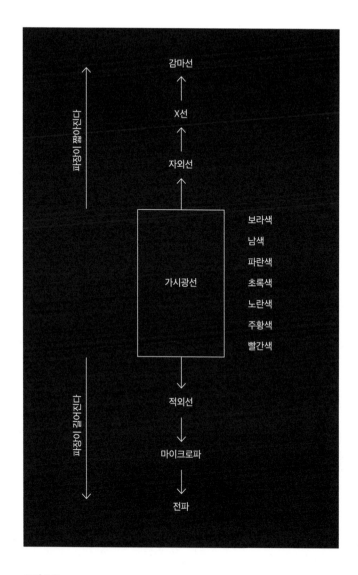

그림 2.3

빛의 종류. 눈에 보이는 무지개 색이 있으며,
파장이 더 길거나 짧은 빛도 있다.

113

합물로 실험을 하여 이것을 무지개의 보라색 바로 바깥에 놓았을 때 가장 빨리 검게 변한다는 것을 발견했다. 이것은 여기에 눈에 보이는 보라색 빛보다 에너지가 더 큰 보이지 않는 빛이 있어야만 설명이 가능한 현상이었다. 짧은 파장의 빛은 같은 시간에 파동의 높은 부분이 더 많이 지나가기 때문에 에너지가 더 크다. 자외선은 피부 세포 안에 있는 DNA를 손상시켜 세포가 변형되는 돌연변이를 일으킬 수 있을 정도의 에너지를 가지고 있다.

우리 태양처럼 다른 별들도 자외선 빛을 내고 어떤 별은 가시광선보다 더 많은 자외선을 낸다. 자외선 카메라를 장착한 망원경은 우주에서 많은 특별한 별과 은하들의 사진을 찍었다. 예를 들어 허블 우주망원경은 가시광선뿐만 아니라 자외선과 적외선도 이용하여 사진을 만들어낸다.

스펙트럼의 다음 짧은 쪽에는 자외선보다 파장이 짧고 에너지가 더 큰 **X선**이 있다. 우리는 병원이나 공항 검색대에서 사용하는 이 빛에 익숙하다. X선은 많은 수의 전자를 가지고 있는 원자에 더 잘 흡수된다. 흡수는 원자가 X선을 받아들여서 전자를 방출하는 과정이기 때문이다. 탄소와 같이 우리 몸에 있는 대부분의 원자들은 전자의 수가 아주 적은 핵을 가지고 있다. 그래서 X선은 우리 몸의 부드러운 부분을 통과할 수 있다. X선은 뼈와 만나야만 멈춘다. 더 큰 칼슘 원자는 X선을 흡수하기 때문이다. X선 사진은 우리 몸을 통과한 X선이 필름을 검게 만들고 뼈가 X선을 막은 부분은 하얗게 남아서 만들어진다. 독일의 물리학자 빌헬름 뢴트겐 Wilhelm Röntgen이 1895년 X선을 처음 발견하여 자신의 아내 안나의 손을 놓고 최초의 X선 사진을 찍었다. 그는 새롭고 알려지지 않은 뭔가를 나타내기 위해 그것을 'X'선이라고 불렀다. 영어로는 이렇게 불리지만 독일에서는 뢴트겐선이라고 불린다. 의학계에서 즉시 이것을 사용하기 시작했고, 뢴트겐은 이 발견으로 1901년 첫 번째 노벨 물리학상을 수상했다.

자외선과 마찬가지로 X선은 에너지가 너무 강하기 때문에 너무 많이 쏘이면 우리 세포 안에 있는 유전 물질을 손상시켜 암을 유발할 수 있다. 그래서 병원에서는 X선을 조심해서 사용한다. 천문학자들에게 X선의 높은 에너지는 그것이 수백만 도에 이를 정도로 가열된 뜨거운 기체에서 나온다는 것을 의미한다. 다음 두 장에서 살펴보겠지만 X선은 우주 전체에서 발견된다. 천문학자들은 X선을 이용하여 폭발하는 별이나 충돌하는 은하와 블랙홀, 거대 은하단과 같은 극단적인 천체들을 연구하고 있다. 하지만 지구의 대기는 X선을 흡수하기 때문에 천체에서 오는 X선을 보는 유일한 방법은 망원경을 인공위성이나 높이 뜨는 풍선에 실어 대기 위로 보내는 것뿐이다. 최근의 관측 자료는 대부분 1990년대부터 하늘을 관측하고 있는 나사의 찬드라 X선 우주망원경에서 온 것이다.

X선 너머에는 빛 중에서 가장 에너지가 크고 파장은 원

자 하나 크기 정도가 되는 **감마선**gamma ray이 있다. 감마선은 세포를 파괴하는 능력 때문에 특정한 의료 기술에 유용하긴 하지만 많이 노출되면 X선보다 훨씬 더 치명적이다. 주로 대기권 밖으로 발사되는 감마선 망원경들은 우리은하에서 생기는 가장 에너지가 큰 천체들을 볼 수 있게 해주고, 먼 은하에서는 더 많은 천체들을 보여준다. 이런 감마선 신호 중 많은 것은 밀도가 높은 중성자별이나 폭발하는 별, 그리고 블랙홀로 빨려 들어가는 물질과 같은 곳에서 우리가 아직 이해하지 못하는 강한 중력과 강한 자기장이 있는 조건에서 만들어진다. 2008년에 발사된 나사의 페르미 감마선 우주망원경은 이런 현상을 연구하기 위해 우주의 감마선을 관측하고 있다. 우리은하 밖에서 일어나는 감마선 폭발은 페르미 우주망원경과 2004년 발사된 나사의 닐 게렐 스위프트Neil Gehrels Swift 우주망원경에서 정기적으로 관측된다. 이 감마선은 붕괴하거나 충돌하는 별에서 오는 것으로 보이지만 그 기원은 아직 정확하게 이해하지 못하고 있다.

전파부터 감마선까지 다양한 종류의 빛과 이 빛을 모두 관측하기 위해 우리가 만든 여러 망원경과 관측기기들은 맨눈으로는 절대 불가능했던 방법으로 우주를 연구할 수 있게 해준다. 천문학자들은 최초의 망원경이 만들어지자마자 너무나 오랫동안 의문의 원천이었던 물체를 탐구하기 시작했다. 바로 별이다. 천문학자들은 초기의 망원경들로 별을 구별하고 지도와 목록을 만들고 밝기와 색을 측정했다.

지금은 이보다 더 많은 것을 측정하고 별의 내부 작동을 더 잘 이해하고 있다. 지난 세기 동안 우리는 별이 대부분 수소와 헬륨으로 이루어진 거대한 기체 덩어리라는 것을 이해했다. 목성과 마찬가지로 별에는 우리가 뜨거운 열을 견딜 수 있다 하더라도 서 있을 수 있는 단단한 표면이 없다. 별은 일생의 대부분을 기체를 안쪽으로 끌어당기는 중력과 밖으로 밀어내는 뜨거운 기체의 압력이 정교한 균형을 이룬 상태로 보낸다. 압력은 높은 온도를 가진 기체 입자가 빠르게 움직여 서로를 밀어내고 뭉쳐지는 것에 저항하면서 생긴다. 우리는 주전자의 물이 끓을 때 뚜껑을 밀어 올리는 모습에서 작은 규모로 기체의 압력이 작동하는 것을 볼 수 있다. 별에서는 이 압력의 원천이 훨씬 더 강한데, 이는 별의 중심부에서 일어나는 특별한 활동에서 생긴다.

모든 별의 중심부는, 수소 원자들이 뭉쳐서 더 큰 헬륨 원자로 바뀌고 그 과정에서 엄청난 양의 에너지를 방출하는 핵발전소와 비슷하다. 그런데 이것은 핵융합으로, 우리가 실제 핵발전소에서 에너지를 만드는 데 사용하는 핵분열과는 반대되는 것이다. 핵분열에서는 큰 우라늄 원자가 더 작은 원자로 쪼개질 때 에너지가 방출된다. 핵융합은 더 풍부한 수소를 사용하고 방사성 폐기물이 발생하지 않기 때문에 과학자들은 오랫동안 이것을 지속 가능한 대안 에너지원으로 사용할 수 있기를 꿈꿔왔다. 하지만 핵융합은 시작하고 유지하기가 어렵고, 아직 아무도 이것을 성공적으로 다루지 못한다. 인류가 만든 핵융합이 사용되는 곳은 핵폭탄뿐이다.

핵융합을 일으키기 위해서는 엄청난 힘으로 원자들을 눌러야 한다. 큰 별에서는 중력이 그 역할을 한다. 우리 태양은 지름이 지구보다 약 100배 더, 그러니까 부피로는 약 1백만 배 더 크다는 사실을 기억하라. 태양은 지구만큼 밀도가 크진 않지만 그래도 질량은 지구의 30만 배나 된다. 이것은 중력을 충분히 강하게 하여 수소 원자를 점화시킬 정도로 별의 중심부를 아주 뜨겁고 밀도가 높게 만들 수 있는 질량이다. 이런 현상이 일어날 수 있도록 수백만 도의 온도에 도달하려면 별의 질량이 적어도 태양 질량의 10분의 1은 되어야 한다.

수소와 헬륨 기체 공 중심에서 충분히 뜨거워지면 수소 핵융합이 시작되어 우리가 알고 있는 별이 탄생한다. 핵융합으로 만들어지는 에너지는 열과 빛으로 쏟아져 나와 기체를 밖으로 밀어낸다. 우리 태양에서는 다른 별들과 마찬가지로 중심부에서만 핵융합이 일어난다. 태양을 농구공 크기라고 하면 골프공 크기 정도가 되는 부분이다. 빛이 자유롭게 이동할 수 있다면 몇 초 안에 별을 탈출할 것이다. 하지만 빛이 밖으로 나오기 위해서는 높은 밀도의 물질을 통과해야 한다. 원자와 충돌할 때마다 방향을 계속 바꾸기

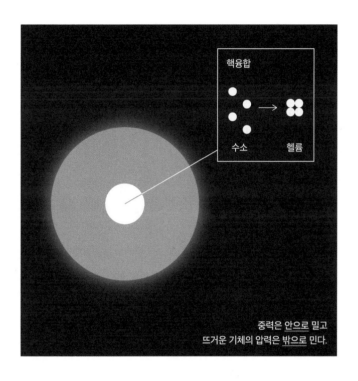

핵융합

수소 → 헬륨

중력은 <u>안으로</u> 밀고
뜨거운 기체의 압력은 <u>밖으로</u> 민다.

그림 2.4
별은 중심부에서 핵융합으로 열과 빛을 만든다.

때문에 별에서 탈출하는 데 수만 년이 걸린다. 하지만 일단 빠져나오면 지구를 향해 직선으로 오는 데 8분밖에 걸리지 않는다.

우리는 1920년대가 되어서야 별들이 무엇으로 만들어졌는지 알아냈고, 빛의 원천이 핵융합이라는 것을 이해한 것은 1930년대였다. 그것을 이해하게 된 것은 상당 부분 세실리아 페인-가포슈킨의 선구적인 별 스펙트럼 연구 덕분이다. 페인-가포슈킨은 아서 에딩턴Arthur Eddington이 1919년 개기 일식 관찰 원정을 떠나 별을 관측했던 이야기 (그것은 중력에 대한 아인슈타인의 새 이론을 확인한 바로 그 여행이기도 했다)에 감명을 받아 케임브리지대학에서 천문학 수업을 들었다. 하지만 불행히도 영국에서 천문학자로 일할 기회는 제한되어 있었다. 케임브리지대학은 당시에는 심지어 여성에게 학위를 수여하지도 않았다. 그는 1923년 할로 섀플리의 지원을 받아 미국 매사추세츠의 또 다른 케임브리지로 갔고, 하버드대학 천문대에서 박사과정을 밟았다. 그는 하버드대학에서 빛나는 경력을 이어가 천문학과 최초의 여성 교수가 되었고, 하버드대학 최초의 여성 학과장이 되었다.

하버드대학은 1920년대에 천문학에서는 특별한 곳이었는데, '하버드의 컴퓨터들' 때문만은 아니었다. 이것은 19세기 후반부터 천문학자 에드워드 피커링Edward Pickering 과 함께 일하던 여성들을 지칭하는 말로, 여기에는 세페이드 별로 유명한 헨리에타 레빗도 포함되어 있었다. 당시에는 남성들만이 천문대의 망원경을 작동하도록 허용되었기 때문에 여성들은 자료와 사진들을 연구, 분석, 정리하는 일을 했다. 여성들은 남성들보다 훨씬 적은 보수를 받았지만 엄청나게 대단한 발견들을 많이 해냈다.

피커링의 목표 중 하나는 최대한 많은 별의 스펙트럼을 측정하여 별을 분류하는 데 사용하는 것이었다. 빛의 스펙트럼을 측정한다는 것은 빛을 무지개로 펼쳐서 각각의 색이 얼마나 강한지 알아내는 것이다. 빨강, 주황, 노랑, 초록, 파랑의 세기가 얼마인지 측정하는 것이다. 천문학자들은 19세기부터 별빛의 스펙트럼을 조사해보면 무지개 색을 볼 수 있지만 특정한 색이 비어 있는 어두운 틈이 있다는 것을 알고 있었다. 이 틈들은 별의 중심부에서 빠져나온 빛이 별의 대기에 있는 원자들에 의해 흡수된 특정한 파장에서 나타난다. 별의 대기에 있는 서로 다른 기체들은 서로 다른 파장의 빛을 흡수한다.

피커링의 그룹은 1890년 만 개가 넘는 별의 스펙트럼 목록인 《드레이퍼 별 스펙트럼 목록Draper Catalogue of Stellar Spectra》을 출판했다. 1800년대 후반 최초로 별의 스펙트럼을 관측한 의사이자 아마추어 천문학자인 헨리 드레이퍼 Henry Draper의 이름을 딴 것이었다. 드레이퍼의 동료이자 아내인 메리 애나 드레이퍼Mary Anna Draper는 헨리의 사망 후 피커링의 연구에 관심을 가지고 최초의 스펙트럼 목록 출판에 자금을 제공해주었다. 이 목록은 별의 다양한 스펙트럼을 분류하기 위하여 A부터 Q까지의 글자들을 사용하였다. 이것은 아주 특이한 경력을 가진 또 다른 하버드의 '컴퓨터'인 윌리어미나 플레밍Williamina Fleming이 도입하여 사용한 방법이다. 1878년 21살의 플레밍은 남편과 아이와 함께 스코틀랜드에서 보스턴으로 이민을 왔다. 하지만 도착하자마자 남편이 그녀를 버리고 떠났다. 피커링은 플레밍을 가정부로 고용했는데 그의 능력을 알아보고는 일의 진척이 마음에 들지 않았던 남자 조교 대신 천문대에서 일해주기를 부탁했다. 플레밍은 곧바로 자신의 분류 체계를 만들기 시작했다. 'A' 별은 대기에 수소가 가장 많아서 무지개에 가장 어두운 틈을 만드는 별이었다. 'B' 별은 수소가 조금 더 적은 별, 이런 식이었다. 다른 글자들 일부는 별의 대기에 있는 것으로 보이는 다른 원소들을 나타내는 것이었다.

하버드 컴퓨터의 또 다른 구성원인 애니 점프 캐넌Annie Jump Cannon은 플레밍의 분류 체계에 중요한 수정을 가했다. 헨리에타 레빗처럼 캐넌도 사춘기 시절에 거의 청각을 잃었지만 연구에 열중하여 1896년 하버드대학 천문대에 들어갔고 일생 동안 약 35만 개의 별을 분류하였다. 1901년에 캐넌이 이루어낸 혁신적인 업적은 플레밍보다 더 단순한 별 분류를 사용한 것이었다. 캐넌은 플레밍이 사용한 글자들 중 O, B, A, F, G, K, M 7개만을 이용하여, 푸른색부터 붉은색까지 색을 이용하여 배열하였다. 이 순서는 이후 오랫동안 기억되고 널리 사용되었다. 이것은 'Oh Be A Fine Girl, Kiss Me(오, 섹시한 여자가 되어 나에게 키스해줘)'로 흔히 기억되고 있다. 'Girl'은 'Guy'로 바뀌기도 한다. 국제천문연맹은 1922년 캐넌의 분류 체계를 공식적으로 받아들였고 이것은 지금까지 사용되고 있다.

별들을 종류별로 분류한 후 천문학자들은 별의 색을 나타내는 스펙트럼형과 별의 원래 밝기 사이의 규칙을 살펴보기 시작했다. 이것을 처음 시도한 것은 1910년 독일의 천문학자 한스 로젠버그Hans Rosenberg였다. 그는 플레이아데스 성단에 포함되어 있어서 모두 지구에서 같은 거리에 있는 41개의 별을 조사하여 대부분의 별이 더 푸른 색일수록 더 밝다는 사실을 발견했다. 덴마크의 천문학자 아이나르 헤르츠스프룽Ejnar Hertzsprung은 1911년 플레이아데스와 하이아데스 성단 별들의 규칙성을 보여주는 논문을 발표했고, 1912년 당시 천문학 분야의 핵심 인물 중 하나였던 프린스턴대학의 천문학자 헨리 노리스 러셀Henry Norris Rusell은 더 많은 별을 포함한 결과를 왕립천문학회에서 발표했다. 이들은 모두 대부분의 별들이 더 푸른 색일수록 더 밝다는 같은 경향성을 발견했다. 이런 별들을 헤르츠스프룽은 '왜성矮星, dwarf star'이라고 불렀다. 그런데 이 규칙을 따르지 않는 별들이 있었다. 붉은 별들 일부가 태양의 약 100배 정도로 특별히 밝아서 이들을 '거성巨星, giant star'이라고 불렀다. 이런 식으로 별의 색과 밝기를 살펴보는 방식

은 헤르츠스프룽-러셀 다이어그램이라고 불렸고 지금까지
도 천문학에서 일상적으로 사용되고 있다.

이제 별의 분류는 잘 이루어졌지만 별이 무엇으로 이루
어졌는지, 별이 왜 이런 특별한 색과 밝기의 연관성을 가지
고 있는지는 아직 아무도 알아내지 못했다. 별의 스펙트럼
에서 칼슘과 철의 흔적을 본 당시의 천문학자들은 별들이
지구에 있는 물질을 구성하고 있는 것과 같은 원소들로 이
루어져 있을 것이라고 생각했다.

이들의 생각은 완전히 틀린 것이었고, 그 사실을 처음 알
아낸 사람이 세실리아 페인-가포슈킨이었다. 새로운 양자
역학 이론에 대한 이해와 방글라데시의 천문학자 메그나
드 사하Meghnad Saha의 뛰어난 작업에 기초하여, 그는 캐넌
의 자세한 분류 방법을 연구하여 스펙트럼 흡수선의 변화
가 사람들이 생각했던 것처럼 서로 다른 별들이 서로 다른
원소들로 이루어졌기 때문에 나타나는 것이 아니라고 결론
내렸다. 그는 모든 별들의 주성분은 수소와 헬륨이며 스펙
트럼의 변화가 나타나는 것은 단지 별들의 온도가 다르기
때문이라고 주장했다. 'O'에서 'M'까지의 캐넌의 분류 체
계는 별의 색뿐만 아니라 가장 뜨거운 별에서 가장 차가운
별까지 온도를 표현하는 것이기도 했다. 별은 지구와 전혀
같지 않고, 헬륨보다 무거운 원소는 아주 소량밖에 없다는
사실이 밝혀졌다. 헨리 노리스 러셀은 1925년 페인-가포슈
킨의 박사 논문 발표에서 그 결과에 반대했다. 전통적인 생

각과 맞지 않기 때문이었다. 하지만 페인-가포슈킨은 옳았고 러셀도 몇 년 후에는 그에 동의했다. 페인-가포슈킨의 작업은 수천 년 동안 천문학의 추론과 연구 끝에 드디어 별이 무엇으로 이루어져 있는지 밝혀낸 것이었다.

페인-가포슈킨이 이 위대한 진보를 이루기 전에 유명한 영국의 천문학자 아서 에딩턴은 1920년에 《별의 내부 구조The Internal Constitution of the Stars》에서 이미 별의 에너지원이 수소의 핵융합에서 오는 것일 수 있다는 추론을 했다. 질량이 에너지로 바뀔 수 있다는 아인슈타인의 상대성이론을 이용하여 그는 별 질량의 단 5퍼센트만이 수소이고 이것이 융합하여 더 무거운 원소가 될 수 있다면 관측되는 별빛을 설명하기에 충분한 열을 만들어낼 것이라고 계산했다. 이 생각은 옳은 것으로 밝혀졌다. 천문학자들은 곧 별의 대부분이 수소로 이루어져 있다 하더라도 중심부만이 핵융합이 일어날 정도로 충분히 뜨겁고 밀도가 높다는 사실을 알아냈다. 이 이론은 1930년대에 독일 출신의 미국 물리학자 한스 베테Hans Bethe에 의해 자세히 연구되었고, 그 결과는 1939년 〈별에서의 에너지 생성Energy Production in Stars〉이라는 논문으로 발표되었다. 이 논문은 '왜'성들의 경향성을 설명했고, 이것으로 그는 1967년 노벨 물리학상을 수상했다. 그 경향성은, 더 무거운 별은 중심에서 중력이 더 강하게 당기기 때문에 더 강력한 핵융합을 하여 더 밝고 뜨거워진다는 것이었다.

별들은 모두 대부분이 수소인 기체 덩어리지만 태어날 때 얼마나 무거우냐에 따라 아주 다른 일생을 살게 된다. 우리는 별들이 얼마나 무거운지를 알려주는, 별이 태어날 때의 색에 따라 별을 분류하여 다양한 별의 일생을 살펴볼 수 있다. 7개의 분류를 모두 살펴보는 대신 우리는 가장 가벼운 것에서부터 무거운 순서로 4개의 색—빨강, 노랑, 흰색, 파랑—으로 넓게 나눌 것이다. 대부분의 별—약 90퍼센트—은 붉은색이다. 이들은 가장 차갑고 가벼워서 표면 온도가 '겨우' 3,000에서 5,000도 정도이다. 약간 더 무거운 종류는 노란 별들로, 태양을 포함하여 우리가 알고 있는 별의 약 10퍼센트를 이루고 있다. 이 별들의 표면 온도는 5,000에서 8,000도 사이이다. 노란색 별보다 더 뜨겁고 무거운 별은 흰색 별로, 100개 중 1개 정도로 아주 적다. 가장 드물고 가장 뜨거운 별은 푸른색 별로, 1,000개 중 1개뿐이며 표면 온도는 최대 25,000도에 이른다.

우리는 태양의 일생에서 시작할 것이다. **노란색 별**의 이야기다. 일생의 대부분 동안 우리 태양은 현재의 익숙한 형태로 남아 있을 것이다. 지금 태양은 약 100억 년으로 예상하는 일생의 절반 정도를 지나고 있다. 이 기간 동안 태양은 안쪽으로 누르는 중력과 중심부의 수소 핵융합에서 나오는 열이 만들어내는, 바깥쪽으로 밀어내는 압력이 절묘한 균형을 이루고 있다. 태양의 표면 온도는 6,000도이고 핵융합이 일어나는 중심부의 온도는 1천 5백만 도에 이른다. 태양의 일생에서 지금 시기에는 무지개의 모든 색을 방출하고 합쳐서 흰색이 되지만, 가장 많이 만들어내는 색은 표면 온도 때문에 노란색이다.

태양을 유지하는 정교한 균형은 중심부에서 수소 원자가 없어지면 무너진다. 우리는 얼마나 많은 수소 '연료'가 있는지를 알려주는 태양의 질량과, 수소가 얼마나 빠르게 타고 있는지를 알려주는 태양의 밝기를 이용하여 이 일이 언제 일어날지 계산할 수 있다. 이 숫자들을 종합하면 지금부터 50억 년 후로 계산된다. 이 일이 일어나면 중심부에 있는 수소는 모두 헬륨으로 바뀌었지만 헬륨 원자들이 탄소나 산소와 같이 약간 더 무거운 원자들로 융합하기에는 온도가 충분히 높지 않은 상태가 된다. 그러면 잠시 동안 중력이 우세하게 되어 별 중심부의 기체를 안쪽으로 눌러서 중심부 주변의 수소 원자가 탈 수 있는 온도가 될 때까지 점점 더 뜨거워진다.

이때가 되면 태양의 바깥층은 극적으로 팽창한다. 바깥층에는 더 많은 양의 수소가 있기 때문에 여기에서 핵융합이 일어나면 바깥으로 밀어내는 압력이 더 강해져서 별의 부피를 증가시키기 때문이다. 지름이 수백 배 더 커질 것이다. 안쪽의 온도가 올라가면서 훨씬 더 밝아지지만, 열은 훨씬 더 큰 표면으로 퍼지기 때문에 차가워져서 붉은 오렌지색으로 빛나기 시작한다. 태양 일생에서 새로운 단계인 적색거성 단계가 시작된다.

이것은 앞으로 약 50억 년 후에 일어날 것이고, 그러면 태양계는 아주 다른 곳이 될 것이다. 태양은 너무 커져서 수성과 금성의 궤도를 집어삼킬 것이고 어쩌면 지구의 궤도까지도 삼킬 것이다. 그렇지 않더라도 지구는 새로운 거대한 태양의 가장자리에 너무나 가까워져서 생명체, 적어도 우리가 알고 있는 생명체가 살기에는 불가능할 정도로 뜨거워질 것이다. 적색거성 단계에서 증가한 압력은 팽창하는 기체 껍질에서 별의 바깥층을 조금씩 날려 보낼 것이다. 이런 현상은 우리은하에 있는 다른 별들에서 오랫동안 관측되었고, 1780년대에 윌리엄 허셜이 이를 '행성상성운'이라고 이름 붙였다. 방출된 기체는 아름다운 색깔의 고리를 만들어서 마치 행성처럼 보이게 만든다.

우리는 태양이 여기서 10억 년은 더 살 것이라고 예상한다. 수소가 고갈되면 중심부는 중력이 계속 강해지기 때문에 더 수축한다. 태양의 중심부 온도가 1억 도에 이르면 별은 헬륨으로 탄소와 산소 원자를 만들기 시작할 것이다. 2개의 양성자와 2개의 중성자를 가진 헬륨의 핵이 융합하여 6개의 양성자와 6개의 중성자를 가진 탄소와 8개의 양성자와 8개의 중성자를 가진 산소가 만들어진다. 헬륨이 고갈되면 태양은 탄소나 산소를 더 무거운 원소로 융합할 정도로 충분히 크지 않고 뜨겁지 않다. 여기가 마지막이 된다.

남겨지는 것은 대부분이 탄소와 산소로 이루어진 중심부로, 백색왜성이라고 불린다. 이것은 핵융합으로 밀어내

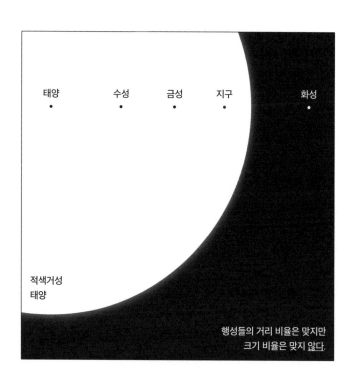

태양   수성   금성   지구   화성

적색거성
태양

행성들의 거리 비율은 맞지만
크기 비율은 맞지 않다.

그림 2.5
적색거성이 되었을 때 예상되는 태양의 크기

는 압력을 만들어내지 않기 때문에, 중력이 승리를 거두어 백색왜성은 완전히 수축될 것이라고 예상할 수 있을 것이다. 하지만 그렇게는 되지 않는다. 아름다운 양자역학이 작동하기 때문이다. 양자역학에 따르면 작은 전자 입자들은 서로 정확하게 같은 위치에 있는 것을 피해야만 한다. 만일 전자들이 모여 있는 덩어리를 누르면 전자는 그 힘에 저항하여 밀어낼 것이다. 별의 중심에는 전자들이 풍부하게 존재한다. 새롭게 만들어진 탄소와 산소가 가지고 있는 전자들이다. 이 전자들이 더 강해진 중력이 안쪽으로 당기는 힘과 균형을 이루는 새로운 바깥쪽으로 밀어내는 압력을 만들어낸다. 태양은 이제 일생의 마지막 단계로 접어들었다. 태양은 밀도가 극도로 높아진다. 질량은 지금보다 크게 줄어들지 않지만 부피는 지금보다 백만 배 더 작은 지구 정도의 크기 안에 눌려 있게 된다.

1장에서 우리는 백색왜성의 질량은 태양 질량의 1.4배까지만 가능하다는 것을 보았다. 이것은 바깥쪽으로 밀어내는 양자 압력이 균형을 이룰 수 있는 가장 큰 질량으로, 1930년대에 케임브리지대학에서 연구한 인도 출신의 뛰어난 미국인 천문학자 수브라마니안 찬드라세카르의 이름을 따 찬드라세카르 한계라고 불린다. 사실 그가 이 한계를 처음으로 계산한 것은 이 주제에 관해 이루어진, 케임브리지대학의 천문학자 랠프 파울러Ralph Fowler의 초기 연구에 영감을 받아 대학원생으로서의 인생을 시작하기 위해 인도에서 케임브리지로 가던 여행길에서였다. 찬드라세카르는 영국에서 겪은 몇 가지 불편한 상황, 특히 아서 에딩턴과의 유명한 사건을 경험한 뒤 자신의 경력을 시카고대학에서 보냈다. 에딩턴은 찬드라세카르 한계가 완전히 틀렸다고 생각하여 1935년 1월에 열린 왕립천문학회 모임에서 이것을 '별 같은 농담stellar buffoonery'이라고 공개적으로 무시했다. 찬드라세카르는 옳은 것으로 판명이 났고, 그는 1983년 노벨 물리학상을 수상했다.

백색왜성으로서의 태양은 뜨겁게 시작되지만 그것은 더 이상 스스로 새로운 에너지를 만들어내지 못하기 때문에 점점 식어서 결국에는 전혀 빛을 방출하지 못하게 될 것이다. 천문학자들은 태양이 수십억 년 후 백색왜성의 차갑고 어두운 상태인 흑색왜성으로 생을 마감할 것이라고 예측한다. 우주는 흑색왜성을 만들기에는 아직 너무 젊기 때문에 우리는 별들이 어떻게 식어 가는지에 대한 이해를 바탕으로 미래의 존재를 추정할 뿐이다.

태양이 아닌 별들도 생각해보자. 우리가 이해한 바에 따르면 모든 혼자 있는 노란색 별이 태양과 아주 비슷한 일생을 거칠 것이다. 모두 첫 번째 단계에서 약 100억 년을 살고 적색거성으로 바뀐 다음, 기체의 바깥층을 우주로 날려 보낸 후, 최종적으로 어두워지는 백색왜성으로 역동적인 일생을 마감할 것이다. 우리는 이런 별들이 우리은하에 있든 수십억 광년 떨어진 먼 은하에 있든 똑같을 것이라고 예상한다. 서로의 주위를 돌고 있는 노란색 별들 한 쌍의 일생은 예측하기가 조금 더 어렵다. 노란색 별의 쌍성은 두 개의 백색왜성이 되어 결국에는 서로 충돌할 것으로 생각된다.

우주에 있는 대부분의 별은 태양 질량의 절반에서 약 10분의 1정도에 해당하는 작은 별이다. 이들은 차가운 **붉은색 별**로, 그 일생은 노란색 별과 비슷하지만 진행 속도는 더 느리다. 이들은 일생의 주요 단계를 노란색 별과 똑같이 안쪽으로 당기는 중력과 바깥쪽으로 밀어내는 핵융합에 의한 압력이 평형을 이루는 상태로 보낸다. 하지만 중심에서의 중력이 노란색 별만큼 강하지 않기 때문에 핵융합은 더 느린 속도로 일어난다. 이 별들은 중심부의 수소가 고갈되기까지 수백억 년을 살 것이기 때문에 아직 어떤 별도 다음 단계에 도달하지 못했다. 먼 미래에는 이런 붉은색 별들도 노란색 별들과 마찬가지로 거성이 되었다가 중심부는 수축하게 될 것이다. 하지만 이들은 탄소나 산소 원자를 만들 수 있을 정도로는 절대 뜨거워지지 않을 것이기 때문에 헬륨으로 이루어진 백색왜성이 되었다가 흑색왜성으로 생을 마감할 것이다.

큰 별들은 빠른 속도로 살고 일찍 죽는 극단적인 일생을 산다. 태양 질량의 8배에서 100배에 이르는 이들은 드문 **흰색**과 **푸른색 별**이다. 우리은하에 있는 별 천억 개 중 불과 10억 개 정도만이 이런 헤비급이다. 더 무거운 별일수록 더 중력이 강하고 더 높은 온도를 가지기 때문에 별의 중심부에서 수소가 더 빠르게 탄다. 이 중에서 더 작은 흰색 별은 질량이 태양의 8배에서 약 20배 정도다. 이들의 색은 우리 태양보다 붉은빛을 더 적게 내보내고 푸른빛과 자외선을 더 많이 내보내기 때문에 태양보다 더 흰색이다. 흰색 별은 대체로 수소를 태우는 데 10억 년보다 적게 걸린다. 여전히 긴 시간이지만 태양보다는 10배나 빠르다. 태양이 시리우스 같은 흰색 별로 더 크게 태어났다면 생은 이미 끝났을 것이다.

푸른색 별은 훨씬 더 무거워서 최대 태양 질량의 백배까지 된다. 이들은 흰색 별보다 훨씬 더 뜨겁고 대부분 푸른색 빛과 자외선으로 빛날 것이다. 푸른색 별은 극도로 빠르게 살아서 수소 공급은 불과 약 1천만 년 만에 끝난다. 이것은 공룡이 지구를 지배하던 시대에서 지금까지의 시간보다 더 짧은 시간이다!

흰색 별이나 푸른색 별이 중심부의 수소를 모두 태우면 노란색 별과 같은 경로를 빠른 속도로 따라간다. 별의 중심부는 수축하고 바깥쪽은 팽창하여 거대한 적색초거성이 된다. 그러면 노란색 별과 마찬가지로 중심부 주변의 수소가 타는데, 이런 무거운 별은 중심부가 빠르게 뜨거워져 중심부의 헬륨이 탄소와 산소와 같이 더 무거운 원소로 융합을 시작한다.

흰색 별이나 푸른색 별처럼 큰 별의 일생은 우리 태양과는 극적으로 다르다. 별 중심부의 중력은 너무나 크기 때문에 중심부를 탄소나 산소를 만들 정도가 아니라 철까지 이르는 훨씬 더 무거운 원소들을 만들 수 있을 정도로 강하게 누른다. 그래서 양파와 같은 층들을 이루게 된다. 표면 가장 가까이에 수소가 있고, 다음으로 헬륨, 탄소, 그리고 중심의 철에 이르기까지 점점 더 무거운 원소들이 있다. 그런데 철이 만들어지고 나면 재앙이 일어난다. 철 원자들의 융합은 새로운 에너지를 만들어내지 못하기 때문이다. 자연은 철을 전환점으로 삼았다. 철과 철보다 무거운 모든 원자들은 융합할 때가 아니라 분열할 때만 에너지를 방출한다.

철이 만들어지는 시점의 별은 엄청나게 뜨겁지만, 중심부에서 탈 연료가 갑자기 사라져서 바깥쪽으로 밀어내는 압력이 멈추게 된다. 그러면 안쪽으로 당기는 위대한 중력이 지배한다. 이 단계에 이른 우리 태양은 작은 전자에서 나오는 양자역학적인 압력이 중력과 평형을 이루어 백색왜성이 된다. 하지만 이 과정은 별 중심부의 질량이 태양 질량의 1.4배인 찬드라세카르 한계보다 작을 때만 일어난다. 그리고 이것은 바깥쪽 껍질을 잃어버리기 전에 태양 질량의 8배 이하로 시작한 별들에 해당한다. 이보다 질량이 큰 흰색 별의 남은 중심부의 질량은 찬드라세카르 한계보다 크고, 중력이 당기는 힘은 전자들의 압력이 맞서기에는 너무 크다. 그 결과는 엄청난 폭발이다. 중심부는 완전히 붕괴하고, 곧이어 별을 둘러싸고 있는 층들도 빠르게 붕괴한다. 이것은 너무나 빠르게 일어나서 별의 중심부는 순식간에 천억 도까지 뜨거워진다.

이 내파는 중심부가 원자의 핵만큼 단단해지면 멈춘다. 이 시점에는 중심부가 주로 중성자로 이루어져 '강력'에 의해 생기는, 바깥쪽으로 밀어내는 새로운 압력이 주도권을 잡는다. 강력은 보통 원자 안에서 양성자와 중성자를 붙잡는 작용을 하는 기본적인 힘이지만, 양성자나 중성자가 서로 너무 가까워지면 척력이 되어 서로를 떨어뜨리는 작용을 한다. 갑작스러운 정지는 별의 안쪽을 향하던 내파를 뒤집고 그것을 순식간에 거대한 폭발로 바꾸어 별의 바깥 부분을 모두 우주 공간으로 날려버린다.

이 엄청난 사건이 초신성이다. 최대 10억 년이나 산 별이 불과 몇 분 만에 폭발해버린다. 이 폭발은 잠시 동안 수십억 개의 별을 가진 은하 전체보다 더 밝은 엄청난 양의 빛을 만들어낸다. 초신성에서 나온 빛은 이후 수 주에서 수개월 동안 볼 수 있다. 빛은 전파에서 가시광선을 거쳐 X선과 감마선까지 다양한 형태로 나온다. 그래서 천문학자들은 이런 모든 파장의 빛에 민감한 다양한 망원경을 이용하여 초신성을 열심히 관측한다. 하지만 우리는 이 모든 일이 일어나는 별의 내부를 볼 수는 없기 때문에 별의 내부에서 일어난다고 생각하는 현상은 이론적인 아이디어에서 추론한 것이고, 이 추론을 관측된 빛과 비교해보는 것이다.

이런 초신성은 앞에서 보았던, 백색왜성이 안정적으로

유지하기에는 너무 많은 질량을 얻어서 만들어진 것으로 생각하는 'Ia형' 초신성과는 다른 것이다. 초신성은 우리은하와 같은 은하에서 대략 100년에 한 번씩 일어나는 것으로 보이지만, 직접 관측하기는 매우 어렵다. 많은 초신성의 빛이 우리은하에 있는 먼지와 기체에 가로막힌다. 그리고 우리는 우리은하 밖에 있는 많은 은하들에서 나타나는 초신성을 놓치고 있는데, 우리의 망원경들이 모든 은하를 매일 밤 추적할 수는 없기 때문이다.

우리에게서 충분히 가까운 은하에서 초신성이 나타나고 운이 좋다면, 초신성이 나타나기 전과 후의 사진에서 밝은 점으로 갑자기 나타난 초신성을 볼 수 있을 것이다. 2008년 1월 카네기-프린스턴의 연구원인 알리시아 소더버그Alicia Soderberg와 에도 버거Edo Berger는 훨씬 더 운이 좋았다. 그들은 초신성이 폭발하는 순간에 그 은하를 관측하고 있었다. 이런 일은 처음이었다. 그들은 스위프트 X선 망원경을 이용하여 최근에 폭발한 다른 초신성에서 오는 빛을 관측하고 있다가 같은 은하의 다른 위치에서 갑자기 5분간 X선이 나오는 것을 발견하였다. 그 은하의 나선 팔들 중 하나였다. 그들은 다른 파장을 관측하는 망원경들로 그곳을 더 자세히 살펴보기로 결정했다. 그리고 불과 한 시간여 후에 초신성의 가시광선이 빛났다. 폭발하는 별에서 더 강력한 X선이 가시광선보다 먼저 방출되어 먼저 도착한 것이었다. 이런 특이한 사건이 일어나는 것을 '라이브'로

지켜보았다는 것은 엄청나게 흥분되는 일일 뿐만 아니라, 초신성이 폭발하는 순간부터 관측을 하는 것은 천문학자들이 별의 내부에서 일어나고 있는 일에 대한 자신들의 아이디어를 더 잘 검증하는 데 큰 도움이 되는 일이다.

우리은하 안에서 나타나는 가장 가까운 초신성은 정말 대단할 것이다. 태양계 이웃에서 초신성이 폭발한다면 잠시 동안 밤하늘 전체를 낮처럼 밝힐 것이다. 초신성 폭발 후보로 우리가 주의 깊게 주시하고 있는 별들 중 하나는 오리온자리의 오른쪽 어깨에 있는 붉은 주황색 별인 베텔게우스로 태양계 이웃 바로 밖에 위치해 있다. 베텔게우스는 원래 푸른색 별로 나이가 1천만 년이 되지 않지만 이미 거대한 적색거성이 되었다. 우리는 이 별이 '빠른 시일 안에' 초신성으로 폭발할 것이라고 기대한다. 천문학적인 관점으로 빠른 시일이라고 하면 향후 10만 년 이내 정도라는 말이다. 사실 베텔게우스는 이미 폭발했을 가능성도 있다. 우리에게서 약 600광년 거리에 있기 때문이다. 그러니까 지난 600년 동안 그곳에서 일어난 일은 우리가 아직 알 수 없다는 말이다. 베텔게우스가 폭발한다면 하늘에서 거의 달만큼 밝게 빛날 것이다.

인류는 초신성의 본질을 이해하기 전에도 우리은하에서 나타난 초신성에 대해 많은 기록을 했다. 초기의 천문학자들에게 초신성은 예상하지 못한 하늘의 빛이었다. 우리가 가진 가장 오래된 초신성 기록은 185년 《후한서》에 중국

천문학자들이 '손님별(객성客星)'이라고 기록한 것이다. 이것이 어두워지는 데에는 약 8개월이 걸렸고, 지금도 폭발의 잔해에서 나오는 X선이 유럽 우주국의 XMM-뉴턴 망원경, 나사의 찬드라 X선 망원경으로 관측되고 적외선도 나사의 스피처 우주망원경 Spitzer Space Telescope으로 관측된다. 우리은하 초신성은 적어도 10개 이상 기록되어 있다. 가장 밝은 것은 1006년 4월에 나타난 것으로 아시아, 중동, 유럽의 천문학자들이 기록했다. 2006년 천문학자 존 바렌타인 John Barentine에 의해 발견된 애리조나의 바위 그림도 미국 원주민들이 본 폭발한 별의 기록일 수 있다. 이 초신성은 지구에서 '겨우' 7,000광년 떨어진 비교적 가까운 거리에 있다. 이것은 달의 4분의 1 정도 밝기로, 낮에도 볼 수 있었다. 다음 우리은하 초신성은 얼마 후인 1054년 7월에 관측되었다. 이것은 더 어두웠지만 그래도 금성만큼 밝았고, 2년 동안 볼 수 있었다. 이 초신성의 잔해는 가장 많이 연구된 천체들 중 하나인 게 성운이고, 아주 밝기 때문에 쌍안경으로도 볼 수 있다.

1572년 또 다른 우리은하 초신성이 덴마크의 천문학자 튀코 브라헤 Tycho Brahe에 의해 발견되었다. 이 사건은 천문학에 중요한 영향을 미쳤다. 브라헤가 이것이 아주 멀리, 달보다 훨씬 더 멀리 있다는 것을 알아냈기 때문이다. 그는 지구가 태양 주위를 돌 때 배경별에 대해 움직이지 않는 것을 보고 그것을 알았다. 당시의 유럽인들은 여전히 아리스토텔레스의 우주 개념에 따라 행성 밖의 하늘은 고정되어 있어서 변하지 않는다고 믿었다. 그러므로 이런 갑작스러운 '천상의' 물체의 변화는 전혀 예상 밖이었고, 당시의 사상에 대한 도전이 시작되게 만들었다. 이때는 코페르니쿠스의 태양 중심 모형이 나와 있었지만 아직 널리 퍼지지는 않았을 때였다. 브라헤는 자신과 다른 사람들의 관측 결과를 1573년 《누구의 인생이나 기억에서도 보았던 적이 없는 새로운 별에 대하여Concerning the Star, new and never before seen in the life or memory of anyone》라는 책으로 출판했고, 그 사건은 튀코 초신성으로 알려지기 시작했다. 남겨진 잔해에 대한 최근의 관측으로 이 별은 약 8,000광년 거리에서 폭발했다는 것을 알게 되었다.

우리은하에서 가장 최근에 초신성이 관측된 것은 얼마 후인 1604년이었다. 이것은 빠르게 커졌고 너무나 밝아서 3주 동안 낮에도 보였다. 요하네스 케플러Johannes Kepler는 이것을 1년 동안 열심히 연구하여 그 결과를 책으로 썼다. 이것은 케플러 초신성으로 알려지게 되었다(케플러 초신성은 조선왕조실록에도 기록이 있는데, 조선에서는 케플러보다 4일 먼저 관측을 시작했다 – 옮긴이). 갈릴레오 역시 초신성을 관측했고, 그 결과를 파두아대학에서 몇 번에 걸쳐 이루어진 대중 강연에서 강의실을 가득 메운 사람들에게 설명했다. 브라헤와 마찬가지로 그도 시차가 보이지 않는 것을 이용하여 이것이 달보다 훨씬 더 멀리 있다고 설명했다. 이는 또한 멀리 있는 별들이 변하지 않는 것이 아니라는 사실을 보여주는 더 확실한 증거였으며, 갈릴레오와 케플러가 코페르니쿠스의 새로운 우주 모형을 지지한 더 확실한 이유이기도 했다.

최근에 관측된 가장 가까운 초신성은 1987년 우리 이웃의 왜소은하인 대마젤란은하에서 폭발한 별이었다. 이것은 맨눈으로도 볼 수 있었지만, 이번은 현대의 망원경으로 가까운 초신성을 연구할 수 있는 절호의 기회였다. 이것은 폭발한 지 불과 몇 시간 후부터 모든 종류의 빛을 관측할 수 있는 다양한 종류의 망원경으로 아주 정밀하게 관측되었다. 이 행운의 사건은 천문학자들이 이런 극적인 폭발에 대해 이해할 수 있는 문을 열어주었다. 이것이 만들어낸 무거운 원소들을 발견했고, 방출된 물질들이 별이 있었던 지점에 밝은 고리들로 보이는 것을 볼 수 있었다.

우리은하와 마젤란은하보다 더 멀리 있는 은하들의 초신성은 망원경으로만 볼 수 있다. 초창기에 많은 초신성을 발견한 사람은 1920년대부터 캘리포니아 공대에서 일한, 뛰어나지만 악명 높은 전투적인 스위스의 천문학자 프리츠 츠비키Fritz Zwicky였다. 그는 많은 중요한 발견들을 했는데, 1934년 동료인 발터 바데Walter Baade와 함께 초신성이 평범한 별이 훨씬 더 밀도가 높은 별로 변할 때 나타나는 것이라는 아이디어를 처음으로 떠올렸다. 초신성 supernova이라는 이름을 붙인 사람도 츠비키였다. 초신성을 찾기 위해 그는 캘리포니아 팔로마 천문대의 18인치 슈미트 망원경을 선구적으로 개발했다. 하늘의 넓은 영역을 동시에 관측하여 이런 드문 현상을 더 쉽게 발견할 수 있도록 설계한 망원경이었다. 그는 연구 인생 동안 100개가 넘는 초신성을 발견했다.

지금은 초신성을 관측하기 위한 훌륭한 국제적인 연결망이 있다. 새로운 초신성이 발견되면 어두워지기 전에 빛을 관측하기 위해, 최대한 빨리 우리의 가장 큰 망원경들이 그것을 겨냥하도록 알림을 맞추어놓고 있다. 밤중에 알림을 받은 천문학자들은 이런 흥미로운 사건들을 향해 망원경을 돌릴 것인지를 빠르게 결정해야 한다. 이것은 어려운 결정일 수 있다. 큰 망원경을 사용하는 매일 밤과 매시간은 엄청나게 귀하고, 다시 사용권을 배정받기도 쉽지 않기 때문이다. 하지만 초신성은 몇 주일 내에 주요 사건들은 끝나기 때문에 적절한 시간에 관측하는 것은 매우 중요하다.

별이 폭발한 후에 남기는 천체는 전 우주에서 가장 특이한 것에 속한다. 태양보다 8배에서 20배 더 무겁게 시작한 흰색 별은 중성자별을 남긴다. 이것은 모든 별들 중에서 가장 이상하고 가장 밀도가 높은 별이다. 백색왜성도 태양 질량이 지구 크기에 눌려 들어가 있을 정도로 이미 극히 밀도가 높다. 그런데 중성자별은 더 극단적이다. 별의 원래 질량 중 많은 양을 잃어버려서 태양 질량의 몇 배 정도밖에되지 않지만, 그 질량이 지름 몇 킬로미터의 공 안에 눌려 들어가 있다. 중성자별의 밀도는 너무나 높아서 한 숟가락의 중성자별 물질은 지구의 중심핵으로 바로 떨어져버릴 것이다. 중성자별의 중력은 너무나 강해서 탈출하려면 거의 빛의 절반 속도로 출발해야 한다. 불가능한 일이다.

아마 우리은하에 1억 개 정도의 중성자별이 있을 것이다. 초신성 폭발 바로 직후에 남겨진 중성자별은 10억 도 정도로 뜨겁고 1분 이내에 한 바퀴를 다 돌 정도로 빠르게 회전할 것이다. 이렇게 회전 속도가 빠른 것은 별의 크기가 극도로 작아지기 때문이다. 피겨 스케이트 선수가 팔을 몸 가까이로 붙이면 더 빠르게 회전하는 것과 비슷한 이치다. 중성자별은 금방 어두워지고, 백만 도 정도로 식는다. 회전 속도도 대체로 느려지지만, 중력이 가까이 있는 별들로부터 기체를 끌어들이면 1초에 몇 바퀴씩 빠르게 회전시킬 수도 있다. 중성자별 중 일부는 회전하면서 전파와 X선의 제트를 방출하는데, 우리는 이것을 특수한 망원경으로 관측할 수 있다. 우리는 이들 내부에서 어떤 일이 일어나고 있는지 아직 모른다. 이런 천체들은 우리가 지구에서 만들 수 있는 어떤 것보다 훨씬 더 극단적인 물리적 환경을 가지고 있다.

중성자로 이루어진 별이 존재할 수 있다는 것은 발터 바데와 프리츠 츠비키가 1934년의 두 번째 논문에서 제시했다. 중성자 입자 자체가 처음 발견된 직후였다(중성자는 1932년 영국의 물리학자 제임스 채드윅이 발견했고, 채드윅은 이 공로로

1935년 노벨 물리학상을 수상했다 – 옮긴이). 처음에는 이 별들은 너무 어두워서 보이지 않을 것이라고 생각됐지만, 1967년 플로렌스대학의 프랑코 파치니Franco Pacini는 이들의 회전 운동이 깜빡이는 전파를 만들어낼 수 있다는 것을 알아냈다. 중성자별은 강한 자기장(오로라를 만들어내는 지구 자기장의 더 강한 형태)을 가지고 있고, 자기장이 회전을 하면 별의 표면에 있는 양성자와 전자들이 가속되어 두 개의 전파 제트가 만들어진다. 제트는 중성자별의 자기 북극과 남극에서 나오는데, 자기 북극은 회전축의 북극과 일치하는 경우가 거의 없다. 그래서 여기에서 나오는 빛은 별이 회전할 때마다 한 번씩 우리 방향을 쏠고 지나가므로 마치 등대처럼 깜빡이는 신호로 보이게 된다.

우연히도 그 예측이 이루어진 바로 그 해에 케임브리지대학의 대학원생으로 있던 북아일랜드의 천문학자 조셀린 벨 버넬Jocelyn Bell Burnell이 지도교수 앤터니 휴이시Antony Hewish와 함께 만든 전파망원경으로 멀리 있는 별에서 오는 이상한 전파 신호를 발견했다. 깜빡임의 간격은 1초 정도였고, 너무나 규칙적이어서 잠시 동안은 이것이 멀리 있는 생명체가 보내는 신호일지도 모른다고 진지하게 생각했다. 그래서 이 별의 첫 별명을 LGM-1으로 붙였는데, LGM은 '작은 녹색 인간Little Green Men'이라는 뜻이었다. 하지만 곧 이와 같은 천체들은 전파 제트를 방출하면서 회전하는 중성자별이라는 사실을 알게 되었고, 바로 펄서pulsar라는 이름을 얻게 되었다. 이 발견으로 휴이시는 1974년 노벨상을 수상했지만 벨 버넬은 부당하게도 그 영광을 얻지 못했다.

가장 무거운 별, 태양보다 약 20에서 30배 더 무거운 푸른색 별들은 일생의 마지막 단계가 중성자별이 아니다. 중성자별은 초신성이 별의 바깥쪽 부분을 날려 보내고 남은 질량이 태양 질량의 몇 배 이하일 때만 지탱이 가능하다. 무거운 푸른색 별의 중심부는 초신성 폭발 후에도 이보다 더 무겁기 때문에 마지막 순간의 중력이 너무나 강하고, 그래서 바깥쪽으로 미는 어떤 힘도 균형을 이루지 못한다. 그래서 등장하게 되는 것이 블랙홀이다. 블랙홀은 정말로 신비로운 괴물이다. 블랙홀은 태양 질량의 두 배를 불과 지름 몇 킬로미터의 공 안에 눌러 넣으면 만들어진다. 중력이 너무나 강해서 질량은 극도로 작은 공간, 아마도 무한히 작은 공간으로 더 눌린다. 블랙홀에서 탈출하려면 빛보다 빠른 속도로 뛰어올라야 한다. 하지만 빛보다 빠른 것은 아무것도 없으므로 아무것도 탈출할 수 없다. 일단 들어가면 절대 나올 수 없다. 사실 블랙홀을 정의하는 특징이 빛이 빠져나올 수 없다는 것이다.

블랙홀 안에서 어떤 일이 일어나는지 우리는 단지 추론만 할 수 있는데, 블랙홀의 중심에서는 우리의 물리법칙들도 무너진다. 중력이 그 정도로 강해지면 이상한 일들이 일어난다. 만일 당신이 발을 아래로 향하여 블랙홀로 떨어진다면 당신의 발을 당기는 중력이 머리를 당기는 중력보다 훨씬 더 커서 당신은 마치 스파게티 가닥처럼 길게 늘어날 것이다. 시간도 이상하게 흐른다. 중력에 대한 알베르트 아인슈타인의 이론에 따르면, 당신이 아주 무거운 것 근처에 있으면 시간이 더 느리게 흐른다. 예를 들면 지구의 중심에 있는 암석들은 중력이 그렇게 강하지 않은 표면 근처에 있는 암석들보다 실제로 약간 더 젊다. 이상하지만 사실이다. 만일 쌍둥이 중 한 명이 블랙홀 근처에서 시간을 보낸다면 그는 지구에 있는 다른 한 명보다 실제로 더 느리게 나이를 먹을 것이다.

우리는 블랙홀을 직접 볼 수는 없지만, 천문학자들은 이웃 별들에서 끌려나온 기체와 먼지들이 블랙홀 주위를 돌면서 내는 빛을 관측할 수 있다. 이 물질들의 원반은 아주 뜨거워져서 블랙홀이 안에 숨어 있다는 신호인 X선을 방출한다. 그런데 블랙홀을 보는 완전히 다른 방법도 있다. 블랙홀의 중력은 너무나 강하기 때문에 주위의 시공간을 휘어지게 하고, 두 블랙홀이 서로의 주위를 돌면 시공간은 더 많이 휘어진다. 두 블랙홀이 서로의 주위를 돌면 주위의 공간은 수축과 팽창이 되고 우리는 공간의 그런 효과를 직접 찾을 수 있다.

이 현상은 시공간이 어떻게 행동하는지를 알려주는, 1915년에 발표되어 일반상대성이론이라고 알려진 아인슈타인의 중력 이론으로 예측된다. 우리는 이 이론을 이 책에서 여러 번 만날 것이다. 그는 질량을 가진 것은 공간을 휘어지게 하고 무거운 것일수록 더 많이 휘어지게 한다는 것을 보였다. 공간을 고무판으로 생각한다면 납 공이 스티로폼 공보다 고무판을 더 많이 휘어지게 하는 것과 마찬가지다.

물체와 빛은 휘어진 공간의 경로를 따라 움직인다. 빠르게 밀리거나 가속되는 무거운 물체는 공간이 휘어지는 정도를 변화시키고, 이것은 중력파라고 하는 물결을 만들어낸다. 이것은 두 블랙홀이 아주 빠르게 서로의 주위를 돌 때 일어나는 현상이다. 이들은 시공간을 휘어지게 하여 중력파를 만들어낸다. 이것은 파동이지만 빛과 같은 파동은 아니다. 이것은 공간 자체를 늘렸다가 줄이는 것이다. 이런 파동이 우리를 통과해서 지나간다면 우리는 순간적으로 크고 날씬해졌다가 곧바로 작고 뚱뚱해지고, 다시 크고 날씬해지기를 계속 반복하게 된다. 우리에게뿐만 아니라 지구 전체, 그리고 중력파가 거쳐 가는 모든 것이 그렇게 된다. 이 효과는 실제로 일어나지만, 멀리 있는 블랙홀 한 쌍이 만들어내는 효과는 우리나 지구의 크기에 비하여 너무나 미미하다.

2015년까지 이런 파동은 한 번도 직접 검출된 적이 없었다. 2016년은 50년 동안의 노력이 승리로 결실을 맺고 천문학의 새로운 시대가 시작된 해가 되었다. 레이저 간섭계 중력파 관측소LIGO[라이고], Laser Interferometer Gravitational-Wave Observatory는 30년에 걸쳐 만들어진 실험기기였다. 1980년

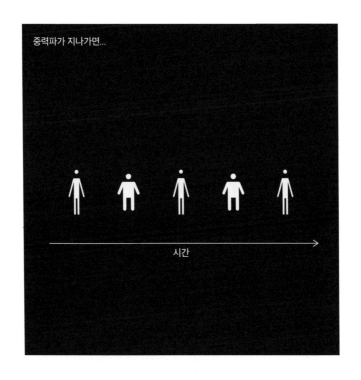

중력파가 지나가면...

시간

그림 2.6
중력파의 효과를 과장한 그림

대에 계획되어 지금은 3개 대륙의 약 1,000명의 과학자들이 여기에서 일하고 있다. 이것은 루이지애나 리빙스턴과 워싱턴 핸포드에 설치된 한 쌍의 중력파 검출기로 이루어져 있다. 각 시설은 수직을 이루는 두 개의 긴 팔로 이루어져 있고, 각 팔은 몇 킬로미터 길이의 관으로 되어 있다. 중력파가 지구를 통과하여 지나가면 하나의 팔은 약간 늘어나고 다른 하나는 약간 줄어들 것이다. 그러고 나서 반대로, 늘어났던 팔은 줄어들고 다른 쪽은 늘어날 것이다. 이것은 중력파가 관측소를 통과하는 동안 반복될 것이다. 이때 팔의 길이를 측정하여 파동이 지나가는 것을 검출할 수 있다. 팔의 길이는 관을 따라 빛을 쏘아서 그 빛이 끝에 있는 거울에 반사되어 오는 시간을 이용하여 측정할 수 있다. 이것은 아주 단순한 아이디어지만 엄청나게 정밀한 기기를 필요로 한다. 파동이 지나갈 때 변하는 팔 길이의 차이는 수조분의 1밀리미터보다 훨씬 더 작기 때문이다.

라이고 팀은 2016년 2월 최초의 시공간 물결의 발견을 기쁘게 발표했다. 그 신호는 두 블랙홀이 회전하다가 충돌하여 태양 질량의 3배 이상을 중력파 에너지로 바꿀 때 일어날 것이라고 예측한 것과 정확하게 같았다. 그 충돌은 약 10억 광년 떨어진 곳에서 일어났다. 우리은하, 국부은하군, 우리가 속한 초은하단 바깥에 있는 곳이다. 그 파동은 10억년 이상을 날아와 2015년 9월 지구에 왔다가 지나간 다음 여행을 계속하고 있다. 라이고 팀은 업그레이드한 기기를 컨 지 불과 며칠 후에 그 신호를 발견했고, 불과 몇 개월 후에 블랙홀의 충돌로 만들어진 두 번째 신호 발견을 발표했다. 이것은 많은 새로운 발견들의 시작일 뿐이었다. 2017년 1월, 6월, 8월에 서로 회전하는 블랙홀 쌍들이 보낸 3개의 물결이 지구를 지나갔다. 2017년 8월의 신호는 라이고와 비슷한 설계로 이탈리아에 설치된 버고Virgo라는 간섭계에서도 관측되었다(최초의 중력파 발견으로, 라이고 건설에 공을 세운 라이너 바이스Rainer Weiss, 배리 배리시Barry Barish, 킵 손Kip Thorne은 2017년 노벨 물리학상을 수상했다 - 옮긴이).

라이고 기기는 두 지점 중 어디에서 신호가 먼저 감지되었는지를 이용하여 최초의 신호가 하늘의 어느 방향에서 왔는지 대략 알아낼 수 있었지만, 정확한 지점을 알아낼 수는 없었다. 신호가 발견된 직후에 잘 준비된 후속 관측이 이루어졌다. 망원경을 이용하고 있는 전 세계의 천문학자들이 전파부터 감마선까지 모든 종류의 전자기파를 이용하여 하늘의 넓은 영역을 훑으며 시공간 파동의 발생과 함께 빛이 나왔는지를 살펴보았다. 발견된 것은 아무것도 없었다. 이런 충돌하는 블랙홀들은 중력파를 이용해서만 볼 수 있는 것으로 보인다.

우주의 많은 별들은 서로의 주위를 도는 쌍으로 발견된다. 중성자별도 서로의 주위를 돌면서 스스로를 회전하는 극단적인 우주의 춤을 추는 쌍을 이룰 수 있다. 1974년 미국의 천문학자 조지프 테일러Joseph Taylor와 러셀 헐스Russell Hulse는 지름이 300미터인 아레시보 전파망원경을 이용하여 이런 쌍을 처음으로 발견했다. 이것은 다른 중성자별 주위를 8시간에 한 바퀴씩 돌고 있는 펄서였고, 그 펄서는 1초에 약 20회씩 회전하고 있었다. 천문학자들은 이 별들을 수 년 동안 계속해서 관측하여 아름다울 정도로 정밀한 경향성을 발견했다. 두 중성자별이 서로의 주위를 도는 시간이 정확하게 아인슈타인의 중력 법칙의 예측에 따라 줄어들고 있었다. 그렇게 강한 중력을 가진 별들이 그렇게 빨리 서로의 주위를 돌면 블랙홀처럼 시공간을 휘어지게 하고 중력파를 만들어낸다. 별들은 이 과정에서 에너지를 잃어버리기 때문에 궤도가 서로 가까워진다. 이 별의 쌍은 이제 40년 이상 관측되고 있고, 똑같은 경향이 완벽하게 진행되어 아인슈타인이 1915년에 예측한 효과를 확인시켜주고 있다. 두 별은 결국에는 충돌할 것으로 예상되지만 앞으로 수억 년 동안은 아니다. 이것은 물리학계와 천문학계에 중력파가 언젠가는 직접 관측될 것이라는 자신감을 심어주는 발견이었고, 헐스와 테일러에게 1993년 노벨 물리학상을 안겨주기도 했다.

2017년 8월 17일 라이고와 버고는 지구를 지나가는 또 하나의 중력파를 관측했다. 하지만 이번 것은 달랐다. 이것은 두 개의 블랙홀이 충돌하면서 만들어진 것이 아니라 태양보다 약간 무거운 두 개의 중성자별이 충돌하면서 만들어진 것이었다. 테일러와 헐스가 발견했던 쌍과는 달리 이

쌍은 우주의 춤 마지막 순간에 있었다. 중력파 감지기들은 이들 일생의 마지막 2분 동안 만들어진 시공간의 물결을 감지했다. 태양 질량 규모의 천체들이 충돌하기 전에 서로의 주위를 3,000회나 빠르게 돌았다. 그 파동은 이탈리아의 버고에 제일 먼저 도착했고, 지구를 통과하여 불과 몇 밀리초 후에 루이지애나와 워싱턴의 라이고 감지기에 차례로 도착했다.

다시 한번 전 세계의 천문학자들이 이 드물고 흥분되는 사건을 향해 조직적으로 자신들의 망원경을 겨냥했다. 천문학자들은 이런 일을 오래전부터 계획해두고 사건이 일어나기를 기다리고 있었다. 이번에는 금광을 만났다. 이 충돌에서 나온 신호는 모든 파장의 빛에서 보였고, 7개 대륙 전체와 우주에 있는 총 17곳의 천문대에서 관측되었다. 라이고와 버고가 감지한 지 2초 후에 감마선 폭발이 하늘에서 나타났고, 페르미와 인티그럴INTEGRAL 우주망원경에 의해 관측이 되었다. 이 관측들은 천문학자들에게 하늘에서의 대략적인 방향은 알려주었지만 정확한 위치를 지정해주지는 못했다. 하와이와 칠레는 아직 낮이었기 때문에 대형 망원경을 사용하는 천문학자들은 탐색을 준비하며 밤이 되기를 기다려야 했다.

처음 감지가 된 지 11시간 후 산타크루즈에 있는 캘리포니아대학의 천문학자 라이언 폴리Ryan Foley와 그의 팀은 이 충돌에서 나온 강한 적외선과 가시광선을 처음으로 관측하고, 이 빛이 나온 은하의 위치를 처음으로 정확하게 알아냈다. 이 빛은 아마 별들이 충돌하는 순간에 바로 방출되었을 테지만 하늘에서 그 위치를 찾는 데 11시간이 걸린 것이다. 폴리는 널리 뿌려진 알림 문자를 받고 곧바로 작업에 착수하여 스워프 초신성 탐색Swope Supernova Survey의 일부로 이미 사용되고 있던 칠레 라스 캄파나스 천문대의 1미터짜리 스워프 망원경으로 관측할 후보 은하들의 목록을 만들었다. 그의 팀은 칠레가 밤이 되자마자 원격으로 후보 은하들의 사진을 찍기 시작했다. 9번째 사진에서 박사 후 연구원인 찰리 킬패트릭Charlie Kilpatrick이 '뭔가를 발견했다'고 말했다. 실제로 그랬다. 두 중성자별이 엄청난 충돌로 생을 마감한 곳은 지구에서 1억 3천만 광년 떨어진 한 은하였다. 폴리의 팀은 그 결과를 학계에 알렸고 다른 망원경들이 더 자세한 관측을 시작했다.

칠레의 수많은 망원경들이 이 충돌에서 나온 적외선과 가시광선을 관측했고, 하와이가 밤이 되자 그곳에서도 관측을 했다. 최초의 사건이 일어난 지 15시간 후에 자외선 신호가 나타났다. 9일 후에는 찬드라 X선 망원경이 X선을 관측했다. 마지막으로 충돌 16일 후에 뉴멕시코의 장기선 간섭계VLA, Very Large Array에서 전파가 관측되었다. 2017년 10월 16일 기쁨에 찬 과학자들이 미국 국립과학재단과 독일의 유럽 남부 천문대 본부에 모여 자신들의 결과를 발표하고 발견 과정에 대한 이야기를 나누었다. 논문의 저자는

4,000명이 넘었고 참여한 기관은 900개가 넘었다. 이것은 말 그대로 전 세계의 천문학계가 참여한 국제적인 성과였다(우리나라도 한국천문연구원이 구축하여 운영하는 외계행성탐색시스템KMTNet 망원경과 서울대학교가 호주 남부의 사이딩 스프링 천문대에 설치한 이상각 망원경으로 가시광선을 관측하는 데 성공했고, 이후 연구에서도 중요한 역할을 담당하였다. 결과 논문 중 네이처에 발표된 논문의 저자 34명 중 9명이 우리나라 과학자들이었다 – 옮긴이).

그들 모두가 본 신호는 두 중성자별 충돌의 폭발적인 결과인 킬로노바에서 온 것이었다. 충돌로 하나의 무거운 중성자별이 만들어졌고 아마도 불과 몇 밀리초 후에 블랙홀로 붕괴했을 것이다. 2010년 물리학자 브라이언 메츠거 Brian Metzger와 그의 동료들이 예측한 후로 이렇게 모든 파장의 빛이 차례로 나오는 현상은 오랫동안 기다려졌다. 이 킬로노바는 물질을 빛의 속도의 5분의 1에 달하는 속도로 방출하며 지구 질량의 10배나 되는 엄청난 양의 금과 백금을 만들었다. 우주에 있는, 철보다 무거운 모든 원소들의 절반이 이런 중성자별 쌍의 충돌로 만들어졌다.

블랙홀, 중성자별, 백색왜성은 우리 우주에서 별들의 일생의 마지막을 장식한다. 하지만 우리는 아직 별들의 시작을 자세히 살펴보지 않았다. 우리 태양은 어떻게 거대한 기체 공이 되었을까? 우리는 태양이 우리은하의 별의 요람에서 약 50억 년 전에 태어났다고 거의 확신하고 있다. 별의 요람은 대부분 수소와 헬륨 기체로 이루어진 거대한 구름이다. 중력이 기체를 끌어당겨 구름 덩어리를 만들었을 것이다. 그 구름은 처음에는 영하 200도보다 더 낮고 지름은 수십 광년으로 태양 이웃 전체만큼이나 컸을 것이다.

그 구름 속에서 일부분들이 어쩌다가 다른 곳보다 더 뭉쳐서 더 밀도가 높아졌을 것이다. 이 덩어리들은 조금씩 더 많은 기체를 끌어들여서 회전하는 수소와 헬륨 공이 되었을 것이다. 그 기체 공들 중 하나가 아기 태양이 되었다. 중력이 더 안쪽으로 끌어들여 결국 중심에서 핵융합이 일어날 정도로 뜨거워졌다. 이 주제는 5장에서 다시 다룰 것이다.

이제 우리가 알고 있는 태양이 태어났다. 비슷한 시기에 이웃의 자매 별들도 점화되었다. 우리 태양은 가장 가까운 별에서 광년 규모로 떨어져 있었지만 완전히 혼자는 아니었다. 가까운 기체와 먼지 일부는 끌려 들어와 토성 주위를 도는 고리처럼 태양 주위를 도는 원반이 되었을 것이다. 그 원반 안에서 좀 더 덩어리진 부분들이 서로 모였고, 그 덩어리들 중 하나가 우리 지구가 되었다.

만일 우리 태양이 어떤 무거운 별이 일생을 살기도 전에 태어났다면 순전히 수소와 헬륨으로만 이루어졌을 것이다. 우리는 이 두 원소는 우주가 시작된 바로 직후에 만들어졌다고 생각하고 있다. 제장에서 더 깊이 다룰 주제다. 다른 것은 거의 아무것도 없었다. 그러니까 그 별 주위를 도는 행성들도 모두 수소와 헬륨으로 이루어져 있었을 것이라는 말이다. 우리가 알고 있는 생명체는 그런 행성에서는 존재하기가 불가능할 것이다.

행성과 우리 자신을 구성하고 있는 많은 원소들은 대부분 더 오래된 별들의 중심부에서 만들어졌다. 더 무거운 원소들의 공장이 바로 그곳이다. 적색거성은 헬륨 원자를 융합하여 산소, 탄소, 질소와 같은 원소들을 만든다. 그리고 이 모든 원소들을 우주 공간으로 내보내는 것은 초신성, 혹은 중성자별의 충돌로 만들어지는 킬로노바다. 그런 폭발은 여러 물질을 격렬하게 내보내고 그 물질들의 기체에서 태양의 요람 구름이 만들어졌다. 새로운 별들은 이전 별들의 잔해로 만들어진다. 우리 태양의 구름은 여전히 대부분 수소와 헬륨이었지만 우리에게는 다행이게도 우리의 암석 지구와 우리가 살아가고 있는 곳의 모든 복잡한 물질들을 만드는 데 필요한 다른 원자들도 가지고 있었다.

지금 우리는 우리 별의 요람을 볼 수 없다. 우리 태양은 중년이고 요람은 오래전에 사라졌기 때문이다. 하지만 우리은하에 흩어져 있는 다른 요람들은 많이 볼 수 있다. 다른 은하에도 많이 있다. 가장 인상적인 예 중 하나는 멋진 기체 기둥들이 새롭게 태어난 별들을 가리고 있는 아름다운 말머리성운이다. 이것은 1888년 하버드대학 천문대의 윌리어미나 플레밍이 처음으로 기록한 것이다. 이런 별의 요람들을 둘러싸고 있는 먼지와 기체는 보통의 빛으로 뚫고 들여다보기가 어렵다. 아기 별들에서 나오는 가시광선은 그들을 둘러싸고 있는 기체와 먼지에 흡수되기 때문이다. 가시광선 망원경으로는 안에서 무슨 일이 일어나고 있는지 알아낼 수 없다. 다행히 이제 우리는 이 젊은 별들에서 나오는 적외선을, 기체와 먼지를 뚫고 볼 수 있다. 이들이 방출하는 적외선은 둘러싸고 있는 구름을 뚫고 나와 우리 망원경까지 날아와서 젊은 별들이 태어나고 있는 곳을 직접 볼 수 있게 해준다.

우리는 우리의 태양계와 태양을 돌고 있는 우리 행성의 존재가 유일하다고 믿을 이유가 없다. 우리의 태양은 아주 평범한 별이고, 수많은 은하들 중 하나에 있는 수많은 기체 구름들 중 하나에서 만들어진 수많은 별들 중 하나로 평범한 방법으로 만들어졌다. 그래서 천문학자들은 다른 별들도 자기 주위를 도는 행성들을 가진 항성계를 가지고 있을 것이라고 오랫동안 생각해왔다. 그리고 대부분의 천문학자들은 우리 우주 어딘가에 있는 다른 행성이나 위성에서 어떤 형태의 생명체가 만들어졌을 것이라고 추정한다.

최근까지 우리는 얼마나 많은 별이 행성을 가지고 있고 그 행성들이 어떤 상태인지 알 수 있는 방법이 없었다. 행성들은 스스로 빛을 내지 않기 때문에 강력한 망원경으로도 밤하늘에서 보기가 쉽지 않다. 우리가 보는 것은 별이고, 그 별들이 어떤 종류의 항성계를 가지고 있을지 궁금해할 뿐이었다.

지금 우리는 이 질문의 답을 찾는 여정에서 멋진 전환기에 살고 있다. 불과 지난 20여 년 동안 천문학자들은 우리 은하의 멀리 있는 별 주위를 도는 행성들을 찾아내는 방법을 알아냈고, 그것을 위한 완전히 새로운 망원경도 개발했다. 그들은 많은 발견을 했다! 1992년 천문학자 알렉산데르 볼시찬Aleksander Wolszczan과 데일 프레일Dale Frail은 펄서 주위를 도는 두 개의 행성을 발견했다. 중성자별이 만들어질 때 일어나는 극단적인 사건을 생각하면 놀라운 발견이었다(펄서 주위를 도는 행성이 발견된 것은 2021년 4월 현재까지 이 발견이 처음이자 마지막이다 – 옮긴이). 이 발견 이후 곧 지구에서 50광년 떨어진 태양과 비슷한 별에서 행성이 발견되었다. 1995년 스위스의 천문학자 미셸 마요르Michel Mayor와 디디에 쿠엘로Didier Queloz였다. 페가수스자리 51 별 주위를 도는 페가수스자리 51b로(외계행성의 이름은 별 이름 뒤에 먼저 발견된 순서대로 b부터 시작하여 알파벳을 붙인다 – 옮긴이), 태양과 수성 사이의 거리보다 더 가까운 거리에서 불과 4일 만에 별 주위를 도는, 목성과 비슷한 행성이었다. 4일 주기의 궤도는 우리 태양계의 어떤 행성보다도 훨씬 짧은 것으로, 우리는 이를 통해 행성들의 종류가 얼마나 다양할지 짐작해 볼 수 있다. 10년 후에는 약 200개의 행성들이 발견되었고, 2018년에는 이 숫자가 3,000을 넘었다. 2009년에 발사된 나사의 케플러 우주망원경이 이 많은 발견의 가장 큰 견인차가 되었다. 외계행성 발견은 이제 흔한 일이 되었고, 다음 10년 동안에는 수천 개가 넘는 외계행성들이 새로운 우주망원경을 통해 발견될 것이 분명하다. 외계행성 분야는 이제 천문학의 새로운 주요 분야가 되었고, 우리 지구가 얼마나 특별하며 생명이 얼마나 특별한가와 같은 매력적인 질문을 품고 있는 분야이기도 하다(미쉘 마요르와 디디에 쿠엘로는 태양과 비슷한 별에서 최초로 외계행성을 발견한 공로로 2019년 노벨 물리학상을 수상했다 – 옮긴이).

　우리는 여러 가지 다양한 방법을 이용하여 외계행성을 찾을 수 있다. 별에서 나오는 빛은 너무 밝기 때문에 그 별을 도는 행성을 직접 보는 것은 어렵다. 이는 마치 밝은 조명 옆에 있는 파리의 사진을 찍는 일과 비슷하다. 파리는 조명에 완전히 묻혀버린다. 하지만 별에서 꽤 멀리 떨어져 있는 큰 행성은 코로나그래프로 별빛을 가리면 보일 수도 있다. 코로나그래프는 손으로 조명을 가리는 것처럼 별빛을 가리는 것이다. 2018년까지 겨우 20개 정도의 외계행성만이 이 방법으로 발견되었다. 자신의 별에서부터, 태양과 지구 사이 거리의 수만 배 더 떨어진 곳에 있는 행성들이었다. 나사의 광각 적외선 우주망원경WFIRST, Wide Field Infrared Survey Telescope을 포함한 미래의 우주망원경들이 이런 행성을 더 많이 찾아낼 것이다.

　다른 방법들은 행성이 그곳에 있다는 간접적인 증거를 찾는 것이다. 최초의 행성들을 발견하는 데 사용한 방법은 행성이 별을 흔들리게 한다는 사실을 이용한 것이다. 행성과 별은 모두 질량을 가지고 있기 때문에 행성은 별의 정확한 중심 주위를 돌지 않는다. 그 대신 별과 행성은 질량이 더 큰 별에 더 가까이 있는 공동의 질량 중심 주위를 돈다. 이것은 별을 흔들리게 하여 행성이 궤도를 돌 때마다 별이 우리를 향했다가 멀어지는 방향으로 조금씩 움직이게 만든다. 우리는 별이 이런 식으로 움직이는지를, 경찰차나 앰뷸런스 사이렌이 우리를 향해 다가오다가 멀어질 때 경험할 수 있는 도플러 효과를 이용하여 알아낼 수 있다. 뭔가가 소리나 빛을 우리를 향해 다가오면서 보낸다면 움직이지 않으면서 보낼 때보다 소리나 빛의 파장이 짧아진다. 파동의 마루와 골이 더 자주 우리에게 도착하기 때문이다. 소리는 음이 더 높아진다. 가시광선은 파장이 짧아져 무지개의 '푸른색'으로 바뀐다. 그 반대도 마찬가지다. 소리나 빛을 우리에게서 멀어지면서 보내면 소리는 음이 낮아지고 빛은 더 붉게 보인다. 광원이 더 빠르게 움직이면 색의 변화는 더 커진다.

행성이 별의 주위를 돌면 별이 우리를 향해 다가올 때는 별빛의 파장이 약간 짧아져 보이고, 다시 우리에게서 멀어지면 더 길어져 보인다. 하지만 그 효과는 아주 미세해서 초속 수십 미터 정도의 속도를 구별할 수 있는 정밀한 분광기가 필요하다. 페가수스자리 51b를 발견하는 데 성공한 이 방법은 더 큰 망원경으로 더 많은 별들을 살펴보는 일에 영감을 주어 1990년대 후반까지 처음 수백 개의 외계행성들 대부분을 발견하는 데 사용되었다. 똑같은 흔들리는 효과가 펄서의 규칙적인 신호도 약간 흩트려놓았다. 볼시찬과 프레일이 1992년에 최초의 외계행성을 발견하는 데 사용한 것도 이 방법이었다.

점점 더 인기를 끄는 방법은 궤도를 돌다가 자신이 돌고 있는 별 앞을 가로지르는 행성을 찾는 것이다. 그렇게 가로지르는 동안 행성은 조명 바로 앞을 지나가는 파리처럼 별에서 나오는 빛을 가린다. 별은 아주 밝고 행성은 상대적으로 작기 때문에 별빛은 아주 조금 어두워지지만, 나사의 케플러 우주망원경은 이런 식 현상을 정확하게 찾아내도록 만들어졌다. 이렇게 발견된 행성들은 대부분 빠르게 궤도를 도는 것들이다. 관측을 하는 동안 행성이 별 앞을 여러 번 지나가면 발견하기가 더 쉽기 때문이다. 사실은 몇 년이 걸릴 수도 있다. 목성과 같은 행성은 궤도를 도는 데 12년이 걸리기 때문에 이 방법을 이용하여 발견하는 것은 거의 불가능하다. 그리고 이 방법으로는 우리가 별을 보는 방향과 궤도가 일치하는 적은 비율의 행성들만 발견할 수 있다.

케플러 우주망원경으로 발견한 행성들의 통계를 바탕으로 천문학자들은 우리은하에서만도 태양과 비슷한 별들 중 적어도 절반은, 지구의 1년보다 짧은 궤도를 도는 지구보다 큰 행성을 적어도 하나는 가지고 있을 것이라는 계산 결과를 얻었다. 태양과 비슷한 모든 별이 주위를 도는 행성을 적어도 하나는 가지고 있을 가능성이 높아 보이지만, 주기가 길거나 궤도가 우리가 보는 방향과 일치하지 않는 행성

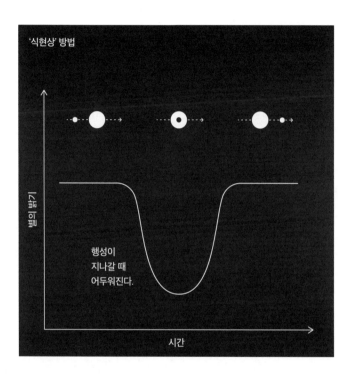

그림 2.7
다른 별의 주위를 도는 행성 찾기. 행성은 별 앞을 지나갈 때 별빛을 약간 어둡게 만든다.

161

은 아직 발견되지 않았다. 어떤 별들은 이미 태양계와 같이 최대 8개의 행성을 가지고 있는 것으로 밝혀졌다.

우리 태양계에 있는 행성들도 충분히 다양하지만 확장된 행성 가족은 훨씬 더 다양했다. 많은 행성이 우리 행성들과는 완전히 다르게 행동한다. 우리는 태양과 수성 사이의 거리보다 훨씬 더 가까이에서 불과 몇 시간 혹은 며칠만에 자신의 별 주위를 도는 거대한 기체 행성들을 발견했다. 어떤 행성들은 다른 별 주위를 도는 별의 주위를 돌기도 하고, 두 별 모두의 주위를 도는 행성도 조금 있다. 이런 행성은 영화 스타워즈의 주인공 루크 스카이워커의 고향 별 이름을 따 '타투인' 행성이라고 불린다(최초의 '타투인' 행성은 우리나라에 있는 망원경을 이용하여 우리나라 연구진이 발견하였다 – 옮긴이). 가장 멀리서 궤도를 도는 행성은 태양과 지구 사이의 거리보다 수백 배 더 먼 거리에서 발견되었다. 이런 행성들은 궤도를 도는 데 수천 년이 걸린다. 가장 큰 행성은 목성보다 몇 배 더 무겁다. 어떤 암석 행성들은 별에 너무 가까이 있어서 표면이 마그마로 이루어져 있을 것으로 보인다. 어떤 행성은 표면이 완전히 물로 덮여 있을 것으로 예측된다.

이런 풍부한 새로운 행성 보물 수집에도 불구하고 우리는 저 우주에 무엇이 있는지 이제 막 알아가기 시작한 단계에 불과하다. 지금까지 우리는 우리은하 안에 있는 별 주위를 도는 행성들밖에 발견하지 못했다. 다른 은하들은 너무나 멀기 때문이다. 우리는 다른 은하에도 똑같이 많은 행성들이 있을 것이라고 예상하고 있다. 우리가 발견한 행성계들은 당연히 우리가 지금 사용할 수 있는 방법들로 발견될 수 있는 것들이다. 훨씬 더 많은 행성계가 발견되기를 기다리고 있다는 사실은 의심할 여지가 없다.

이런 행성 찾기의 가장 중요한 목표 중 하나는 지구처럼 생명체가 살 수 있는 행성이 다른 별 주위에서 만들어질 가능성이 얼마나 되는지 알아내는 것과, 더 나아가서는 그런 행성을 찾는 것이다. 우리는 별 주위에서 행성의 표면에 액체상태의 물이 존재할 수 있는 지역을 서식 가능 지역이라고 정의한다. 이것은 골디락스 지역이라고도 한다. 이를 위해서는 조건이 잘 맞아야 한다. 너무 뜨겁지도 너무 차갑지도 않아야 하며, 표면은 단단해야 한다. 우리 태양계에서 보면 지구는 당연히 여기에 해당하고, 화성도 이 지역에 포함될 수 있다. 지금까지 몇십 개의 행성이 서식 가능 지역에서 발견되었고, 우리는 우리은하에만 지구 크기의 행성 수억 개가 서식 가능 지역에 있을 것이라고 생각하고 있다. 지금까지 발견된 가장 가까운 것은 10광년 조금 넘게 떨어져서 태양계 이웃에 있고, 우리에게서 가장 가까운 별인 프록시마 센타우리에도 하나가 있다는 증거가 나오고 있다. 최근에 가장 큰 흥분을 불러일으켰던 것은 2015년에 발견된, 40광년 떨어진 별 주위를 도는 트라피스트-1Trappist-1 행성계이다. 여기에는 지구와 비슷한 크기의 행성 7개가 있고, 그중 최소 2개는 서식 가능 지역에 있다. 모두 태양 주위를 도는 수성의 궤도보다 훨씬 더 가까운 궤도를 돌고 있어서 1년이 불과 2일에서 19일밖에 되지 않고, 최소 하나의 행성에는 액체 상태의 물로 이루어진 바다가 있을 것으로 보인다. 우리에게서 이렇게 가까이 있으면서 여러 행성을 가진 이 행성계는 당연히 앞으로 많은 연구의 대상이 될 것이다.

행성이 서식 가능하기 위해서는 서식 가능 지역에 위치하고 있는 것만으로는 충분하지 않다. 행성의 환경도 잘 맞아야 하는데, 특히 대기 환경이 중요하다. 예를 들어 금성처럼 두꺼운 황산 대기는 어떤 생명체에게도 독성이 될 것이다. 우리는 이제 목성형 행성들의 대기를 관측하여 생명체에 필요할 것이라고 여겨지는 원소들이 존재하는지 찾아보기 시작했다. 이것은 이미 존재하고 있는 생명체에 대한 단서를 제공해줄 것이다. 앞으로 수십 년 동안 유럽 초대형 망원경European Extremely Large Telescope과 제임스 웹 우주 망원경James Webb Space Telescope과 같은 새로운 망원경들이 이 탐험을 진전시킬 것이다. 가까운 미래에 쌍둥이 지구를 발견할 가능성은 점점 커지고 있다. 특히 우리는 암석 외계행성의 대기에서 산소, 오존, 메탄과 같은 물질들을 찾기를 바라고 있다. 별에서 오는 빛이나 표면에 있는 암석들과의 화학 반응은 이런 물질들을 사라지게 하기 때문에 이것이 관측된다면 이는 생명체가 존재하고 있다는 단서가 될 수 있다. 지구의 대기에 산소를 공급해주는 것은 나무와 조류들이다. 트라피스트-1 행성계는 분명 이 탐색의 대상이 될 것이다.

새로운 행성계를 찾는 일은 지구가 생명체를 가지고 있는 유일한 행성인지에 대한 근원적인 의문에 답을 하는 데뿐만 아니라, 우리 태양계가 어떻게 만들어졌고 그동안 어떻게 변해왔는지를 더 잘 이해하는 데 도움이 되고 있다. 지구가 우리 태양계 안에서 이동해 다녔다는 현재의 아이디어는 다른 별의 행성들이 어떻게 행동하는지를 관측한 것에서 일부 영감을 얻은 것이다. 우리의 지평선을 넓히는 일은 우리의 고향을 완전히 새로운 빛으로 비추어 볼 수 있게 해준다. 그리고 지난 세기 동안 이렇게 놀라운 발전을 이룬 것은 천문학의 사회적 지평선을 넓혔기 때문에―예를 들면, 여성들을 받아들이고 국제적인 활동과 협력을 강조한 것처럼―가능한 것이었다.

3장

보이지 않는 것을 보다

별들은 우리가 자주 사용하는 말처럼 정말 우주의 스타 플레이어다. 태양은 낮을 밝히고 별들은 밤에 빛난다. 만일 우리은하를 충분히 멀리서 볼 수 있다면 가로지르는 거리가 10만 광년인 별로 가득 찬 나선형 원반을 볼 수 있을 것이다. 별이 아닌 천체들은 다 너무 어두울 것이다. 하지만 앞에서 보았듯이 우리는 점점 더 많은 멀리 있는 행성들을 발견하고 있다. 그리고 우주에는 그 외에도 많은 것이 있다. 어떤 것은 가시광선에 민감한 망원경으로도 잘 보이지 않고, 어떤 것은 가시광선으로는 아예 보이지 않는다.

앞에서 다루었던 기체와 먼지는 우주의 다른 물질들 중에서 가장 중요한 것이다. 우리은하의 기체는 대부분 새로운 별이 태어나는 은하의 나선 팔에 있는 구름 사이에 있다. 그 기체는 대부분 수십억 년 전 우리은하가 만들어질 때부터 있었지만 일부는 오래된 별의 잔해에서 다시 만들어진 것이다. 앞 장에서 보았듯이 별이 태어나는 기체 구름은 영하 200도보다 낮을 정도로 엄청나게 차갑다. 이들은 안에 있는 별빛을 반사하여 약간의 가시광선을 내보내지만 전파망원경이나 적외선망원경으로 가장 잘 볼 수 있다. 우리은하에는 더 뜨거운 기체도 있고, 어떤 것은 가까이 있는 별에 의해 백만 도에 이르기도 한다. 이 기체는 대부분 수소로 이루어져 있지만 너무 뜨겁기 때문에 원자들이 더 작은 부분인 양성자와 전자로 분리된다. 양성자로 이루어진 수소 원자핵처럼 전하를 띠고 있는 입자를 이온이라고 하기 때문에 양성자와 전자로 분리되는 과정은 '이온화'라고 한다. 거의 X선만 방출하는 뜨거운 기체는 별들보다 더 넓게 퍼져서 우리은하의 바깥쪽에 엷은 기체 헤일로를 형성한다.

우리은하 전체에 퍼져 있는 작은 우주 먼지들도 있다. 이 먼지는 집에서 보는 먼지와는 상당히 다르다. 지구의 먼지에는 10분의 1밀리미터 정도의 큰 먼지도 있고 1,000분의 1밀리미터 정도의 작은 먼지도 있다. 우주 먼지는 대부분 더 작아서 때로는 원자 크기의 10배 정도밖에 되지 않는데, 이는 연기 입자 크기와 비슷한 정도다. 먼지들은 탄소와 규소를 비롯한 여러 원소들로 이루어져 있으며, 오래전 큰 별에서 만들어져서 별이 수명을 다할 때 우주 공간으로 퍼져 나온 것으로 여겨진다. 먼지는 별이나 기체처럼 밀도가 높은 나선 팔에 주로 모여 있긴 하지만 우리은하 어디에나 있다. 먼지의 일부는 별을 만드는 기체에 섞여 있다가 새로운 별이 만들어질 때 행성이 된다.

작은 먼지들도 기체처럼 주위의 별빛에 의해 가열되어

적외선을 방출한다. 우리는 나사의 스피처 우주망원경을 포함한 적외선 망원경으로 찍은, 가장 가까운 이웃인 안드로메다은하와 같은 이웃 은하들의 아름다운 사진을 가지고 있다. 이런 사진은 안드로메다은하의 모습을 일반적인 사진과는 다르게 보여준다. 그 사진에선 새로운 별들이 태어나고 있는 나선 팔의 먼지를 볼 수 있기 때문이다. 우리는 적외선 망원경으로 우리은하의 사진을 비슷하게 찍을 수 있다. 하지만 우리는 우리은하 안에 있기 때문에 우리은하 전체의 사진은 절대 찍을 수 없다.

기체와 먼지는 우리은하의 중요한 일부이긴 하지만, 우리은하의 모든 별과 행성, 기체, 먼지를 8컵의 가루가 들어가는 자루에 담는다면 기체 전체는 1컵 정도가 되고 먼지 전체는 티스푼의 절반도 되지 않는다. 수십억 개나 되는 행성들은 한 줌밖에 되지 않고 자루의 나머지는 전부 별이 채운다.

우리은하의 한가운데에는 기체와 먼지보다 더 보기 어려운 거대한 것이 숨어 있다. 이것은 태양보다 몇백만 배 무거운 블랙홀로, 2장에서 본 수명을 다한 큰 별이 남기는 블랙홀보다 훨씬 더 크다. 별이 만드는 블랙홀은 태양보다 몇 배에서 최대 백 배 정도밖에 무겁지 않다. 우리는 우리은하 중심에 있는 블랙홀이 어떻게 그렇게 다른 블랙홀보다 훨씬 더 무거워졌는지 아직 정확하게 알지 못한다. '평범한' 블랙홀에서 시작하여 주변의 기체를 계속해서 삼켜서 점점 무거워졌을 수도 있고, 엄청나게 큰 별이 빠르게 붕괴하여 만들어졌을 수도 있고, 여러 블랙홀이 합쳐져서 만들어졌을 수도 있다.

우리는 이 블랙홀의 역사는 모르지만 그것이 분명히 존재한다는 것은 알고 있다. 우리은하 중심에 있는 보이지 않는 물체 주위를 돌고 있는 별들을 볼 수 있기 때문이다. UCLA의 천문학자 앤드리아 게즈Andrea Ghez가 이끄는 팀은 하와이 마우나케아의 지름 10미터짜리 켁 망원경으로 우리은하의 중심부를 연구했다. 이들은 은하 중심부를 둘러싸고 있는 먼지를 뚫고 별을 볼 수 있는 적외선 카메라를 사용하였다. 이들은 궁수자리 A*라는 이름의 블랙홀 주위에 있는 별들의 경로를 20년 넘게 추적했다. 뉴턴의 중력 법칙에 의하면 더 무거운 물체는 주위의 물체를 더 빠르게 돌게 만든다. 게즈의 팀은 극히 작은 공간에 압축되어 있는 태양 질량 4백만 배의 물체가 만드는 강한 중력만이 근처의 별들을 그렇게 빠르게 돌게 할 수 있다고 결론 내렸다.

우주에 있는 모든 은하들은 우리은하와 비슷한 재료로 만들어졌고, 많은 은하가 중심에 거대한 블랙홀을 가지고 있는 것으로 여겨진다. 하지만 별, 기체, 먼지의 비율은 은하의 종류에 따라 다르고 은하들의 모양에 따라서도 다르다. 우리는 은하들의 모양이 어떻게 만들어지고 어떻게 변하는지는 아직 이해하지 못하지만, 1936년 에드윈 허블Edwin Hubble은 《성운의 왕국Realm of the Nebulae》이라는 책에서 은하들을 세 종류로 나누었다. 첫 번째 종류는 나선 은하다. 우리은하와 안드로메다은하를 포함하는 이 은하는 가장 흔하게 관측된다. 이것은 중심부의 큰 팽대부 주위를 나선형의 팔을 가진 별들의 원반이 돌고 있는 모양이다. 팽대부는 가운데를 가로지르는 더 밀집한 길쭉한 막대를 가지고 있는 경우가 많다.

다음은 타원 은하다. 이것은 별들이 둥글게 모여 있는 은하로, 모양은 구형이거나 럭비공처럼 길쭉하거나 엠앤엠즈 M&M's 초콜릿처럼 둥글납작하다. 타원 은하는 은하들이 충돌하여 만들어진 경우가 많기 때문에 나선 은하보다 몇 배나 더 커질 수 있다. 아주 먼 미래에 우리은하도 안드로메다은하와 충돌하여 타원 은하가 될 수도 있다.

충돌을 하게 되면 은하의 별들은 나선 은하였을 때처럼 돌지 않고 무작위 방향으로 움직인다. 타원 은하는 나선 은하보다 기체와 먼지도 훨씬 더 적기 때문에 새로운 별이 거의 만들어지지 않는다. 이런 은하에서는 무겁고 수명이 짧은 흰색이나 푸른색 별들은 오래전에 사라졌기 때문에 가볍고 수명이 긴 붉은색 별들이 대부분을 차지하고 있다. 마지막 종류는 나선 모양도 타원 모양도 아닌 불규칙 은하다. 우리은하의 작은 이웃인 두 마젤란은하가 모양이 뚜렷하지 않고 성운처럼 생긴 불규칙 은하에 속한다.

1장에서 본 것처럼 은하들은 규칙적으로 분포하지 않고 은하군이나 은하단으로 모여 있고, 이들은 모여서 초은하

그림 3.1

은하의 종류

단이 된다. 만일 모든 은하를 우주에 골고루 분포하게 만든다면 은하 사이의 간격은 몇백만 광년이 될 것이다. 은하 원반의 지름은 약 10만 광년이므로 은하 사이의 평균 거리는 은하 크기의 10배에서 100배 사이가 된다. 이 공간은 완전히 비어 있지 않다. 백만 도의 뜨거운 기체가 은하단에 있는 은하들 사이의 공간을 신발 상자 하나에 몇 개의 양성자와 전자가 있는 정도의 밀도로 각 은하들을 둘러싸고 있다. 가시광선 망원경으로는 이 기체를 볼 수 없지만 X선의 눈으로 보면 밝게 빛난다. 천문학자들은 이 기체가 어떻게 그곳에 있게 되었는지 충분히 이해하고 있지는 못하지만 기체의 양은 엄청나다. 모든 은하에 있는 모든 별들을 다 합쳐도 관측 가능한 우주에 있는 원자의 약 5퍼센트밖에 구성하지 못할 정도다.

블랙홀을 제외하면 이 모든 우주의 구성 성분들은 적절한 파장을 관측하는 망원경을 사용하여 어떻게든 볼 수 있다. 우주에는 우리의 주의를 끌 만한 밝은 천체들이 얼마든지 있지만, 우리는 우리가 볼 수 없는 무언가가 은하들과 우주를 채우고 있는 것은 아닌지 궁금해하게 되었다. 우주에서 밤에 지구를 내려다보는 우주비행사는 도시의 밝은 불빛과 시골이나 등대의 깜빡거리는 빛밖에 볼 수 없을 것이다. 그러나 설사 불빛밖에 볼 수 없다 하더라도 저 아래에는 수많은 들판과 계곡과 산과 바다와 같은 다른 많은 것이 있다는 사실을 잘 알고 있다.

불빛은 보이지 않는 것을 볼 수 있게, 혹은 적어도 보이지 않는 것이 있다는 사실은 알 수 있게 해준다. 가장 밝은 불빛이 있는 곳은 분명 도시일 것이다. 어둠을 가로지르는 긴 불빛은 분명 길일 것이다. 캄캄한 어둠 바로 옆의 밝은 불빛은 분명 바다와 경계를 이루는 해변에 있는 도시일 것이다.

지구를 내려다보는 우주비행사처럼 우리도 우리가 볼 수 있는 빛을 통해 우주의 보이지 않는 것에 대해 알 수 있다. 핵심은 중력이다. 중력은 빛을 내든 내지 않든 상관하지 않기 때문이다. 중력은 질량하고만 관련이 있다. 무겁고 어두운 천체는 별과 같이 밝게 빛나는 물체를 끌어당길 수 있다. 별이 어떤 보이지 않는 지점을 향해 끌려가는 것을 본다면 그곳에 분명 뭔가 무거운 것이 있다는 사실을 알 수 있다. 이와 비슷한 사고 실험을 지구에서도 해볼 수 있다. 칠흑 같은 어둠 속에서 횃불 하나를 보고 있다고 생각해보자. 횃불을 들고 있던 사람이 손을 놓는다면 우리는 횃불이 어둠을 가로질러 빠르게 떨어져 바닥에 닿는 것을 볼 수 있을 것이다. 이런 일이 일어나는 것은 칠흑같이 어두운 지구의 중력이 횃불을 당기기 때문이다. 만일 거기에 지구가 없다면 횃불은 그냥 허공에 떠 있을 것이다. 횃불이 어떻게 움직이는지를 보면 우리는 땅이 어디에 있는지 정확하게 알 수 있다. 횃불이 얼마나 빨리 떨어지는지를 보면 지구가 얼마나 무거운지도 알 수 있다. 만일 달에서 횃불을 떨어뜨리면 더 천천히 떨어질 것이다. 달은 지구보다 가볍기 때문이다.

　같은 방법으로 우리는 지구보다 훨씬 더 무거운 물체의 주위를 가벼운 물체들이 어떻게 도는지를 보고 그 물체가 얼마나 무거운지 알 수 있다. 다시 한번 어둠 속의 횃불을 생각해보자. 이번에는 횃불을 하늘 높이 던져 올린다. 이때 횃불이 지구 주위를 돌 정도로 세게 던졌다고 생각해보자. 지구의 중력은 횃불을 계속 아래로 당기지만 처음 던진 힘 때문에 횃불은 지구로 떨어지지 않고 원을 그리며 돈다. 이제 잠시 태양이 비치지 않는다고 생각하면 우리는 캄캄한 지구 주위를 계속해서 돌고 있는 횃불을 보게 될 것이다. 이 장면을 멀리서 본다면 밝은 불빛이 원형을 그리며 돌고 있는 모습만 보일 것이다. 그러면 우리는 보이지는 않지만 그 원 안에 빛을 내는 물체를 끌어당기는 뭔가가 있다는 것을 알 수 있을 것이다. 지구가 무거울수록 그 밝은 빛은 더 빠르게 움직일 것이다. 돌고 있는 빛만 보고도 우리는 지구가 얼마나 무거운지 알아낼 수 있다.

　같은 방법으로 우리는 별이나 은하, 더 나아가서는 은하단과 같은 훨씬 더 무거운 천체들의 무게도 계산할 수 있다. 이런 방법이 아니면 천문학자들은 색깔이나 밝기와 같은 성질을 망원경으로 관측하여 천체들의 질량을 알아낸다. 은하의 경우에는 특별한 별의 밝기를 통해 은하가 얼마나 멀리서 얼마나 많은 빛을 내고 있는지 측정할 수 있고, 이것을 이용하여 은하가 얼마나 무거운지 알아낼 수 있다.

더 정확한 방법은 중력을 직접적으로 이용하는 것인데, 어떤 물체가 얼마나 빠르게 주위를 도는지 계산하여 무게를 알아내는 것이다. 이 두 방법이 다른 것은, 어떤 사람의 몸무게를 그 사람의 몸집 크기로 측정하는 것과 그 사람을 실제로 저울 위에 올려놓는 것 사이에 차이가 나는 것과 같다. 당연히 저울을 사용하는 방법이 더 정확하다.

초신성과 중성자별 연구로 유명한 캘리포니아 공대의 천문학자 프리츠 츠비키는 1930년대에 이 두 번째 방법으로 은하단 전체의 질량을 알아낼 수 있다는 사실을 깨달았다. 이때는 에드윈 허블이 우리은하 밖에 다른 은하들이 존재한다는 사실을 알아낸 지 불과 10년밖에 되지 않았을 때지만, 츠비키는 새로운 생각을 빠르게 받아들이는 사람이었다. 그는 우리 국부은하군에서 수억 광년 떨어진 곳에 있는 코마 은하단Coma galaxy cluster을 집중적으로 연구했다. 은하단에서는 보통 한두 개의 큰 은하가 중심에 있고 다른 은하들이 은하단의 질량 중심 주위를 돈다. 이들의 움직임은 원반 형태라기보다는 구형에 가깝다.

츠비키는 코마 은하단에 있는 은하들이 어떻게 움직이는지를 연구하여 은하들이 예상보다 더 빠르게 움직인다는 사실을 알아냈다. 그는 코마 은하단의 은하들이 얼마나 밝은지를 보고 얼마나 많은 별들이 있는지를 계산하여 코마 은하단이 얼마나 무거운지를 이미 계산해놓고 있었다. 이 계산과 비교해보면 은하들은 너무 빠르게 움직였다. 은하들은 코마 은하단이 몇 배 더 무거워야만 할 정도로 **빠르게** 움직이고 있었다. 은하들 사이에 있는 기체로는 질량을 모두 설명할 수 없었다. 츠비키는 이것을 설명하기 위해 코마 은하단에는 눈에는 보이지 않고 중력을 계산하는 직접적인 방법으로만 드러나는 어떤 물질이 있어야만 한다는 생각을 떠올렸다. 그는 그것이 무엇인지는 몰랐지만 1933년에 발표한 논문에서 여기에 '암흑물질'이라는 이름을 붙였다. 이것은 우주에 눈에 보이지 않는 뭔가가 더 있을 가능성을 제시한 획기적인 생각이었다. 이것은 현재 우리에게 가장 중요한 문제 중 하나가 되었지만, 츠비키의 발견은 기술이 그의 생각을 따라잡을 때까지 수십 년 동안 묻혀 있었다.

츠비키는 은하단 전체를 보고 이 초과 속도의 문제를 알아차렸다. 이후에는 개별 은하들을 연구하는 다른 사람들에게도 같은 문제가 나타났다. 무거운 은하일수록 중력이 안쪽으로 더 강하게 당기기 때문에 더 빠르게 회전하고, 별들도 더 빠르게 움직인다. 미국의 천문학자 호레이스 뱁콕Horace Babcock은 1930년대 후반에 우리은하의 이웃인 안드로메다은하가 예상보다 두 배 더 빠르게 움직인다는 사실을 처음으로 알아차렸다. 이상하긴 했지만 당시에는 이것을 어떤 보이지 않는 질량이라는 생각과 연결시키지 못했다. 20년 후인 1959년에 네덜란드의 천문학자 루이 볼더스Louise Volders는 우리은하의 또 다른 이웃 은하인 삼각형자리은하의 별들을 관측하다가 비슷한 이상한 현상을 발견했다. 이것도 역시 너무 빠르게 돌고 있었다. 분명 뭔가 이상했지만 이것을 츠비키의 암흑물질과 연결시킨 사람은 아무도 없었다.

이 모든 것이 종합되고 츠비키가 수십 년이나 일찍 떠올렸던 생각이 받아들여진 것은 1960년대 후반이나 되어서였다. 은하들의 움직임을 충분히 자세히 볼 수 있을 정도로 충분히 강력하고 멀리 볼 수 있는 망원경이 나오는 데에는 그렇게 오랜 시간이 걸렸다. 그 일을 해낸 사람은 미국의 천문학자 베라 루빈Vera Rubin이었다. 루빈은 동료인 켄트 포드Kent Ford와 함께 한두 개가 아니라 수십 개의 은하들을 획기적으로 정밀하게 관측하였다. 루빈은 선구자였다. 그는 1940년대 후반에 바사대학Vassar College에서 물리학을 공부하고 프린스턴대학 대학원에 지원했다. 하지만 프린스턴대학은 1961년이 되어서야 여성 대학원생을 처음으로 받아들였다. 그래서 루빈은 코넬대학에서 유명한 물리학자인 리처드 파인먼Richard Feynman에게 양자역학을 배워 석사학위를 받았다. 그러고는 박사과정을 밟기 위해 워싱턴 DC의 조지타운Georgetown으로 갔다. 그는 종종 낮에는 어린 두 아이를 돌본 후 저녁에 강의를 들어야 했다. 그 기간 동안 그는 은하들이 무작위로 흩어져 있지 않고 함께 모여 있다는 것을 포함하여 많은 중요한 발견을 했다.

루빈은 박사학위를 받은 후에 연구원으로 조지타운에 계속 머물렀고 나중에는 교수가 되었다가 1965년에 가까이 있는 카네기 과학연구소Carnegie Institute for Science로 옮겼다. 그곳에서 그는 당시 가장 큰 광학망원경이었던 캘리포니아 팔로마 천문대의 200인치(5미터) 헤일 망원경 사용 지원서를 냈다. 이 망원경은 1920년대에 세계적인 규모의 망원경을 만드는 데 위대한 선구자였던 천문학자 조지 엘러리 헤일George Ellery Hale이 계획하고 개발한 것이었다. 그는 에드윈 허블에게 윌슨산 천문대에 일자리를 준 사람이기도 하다. 그곳에서 허블은 중요한 발견을 많이 했다. 헤일의 팔로마 망원경 건설은 1930년대 후반에 시작되었지만 사용할 수 있게 된 것은 헤일이 죽은 지 몇 년 후인 1949년이었다. 이 망원경은 에드윈 허블이 처음으로 사용했다.

1965년까지는 남자들만이 팔로마 천문대의 망원경을 사용할 수 있었다. 예전에 여성 '컴퓨터'들이 하버드대학의 망원경을 사용할 수 없던 시절을 생각나게 한다. 하지만 세상은 변했고, 루빈은 이런 낡은 관습을 깨뜨리고 팔로마 천문대 망원경을 처음으로 사용하는 여성이 되었다. 천문대는 여성 사용자를 염두에 두지 않고 만들어졌다. 루빈의 동료였던 프린스턴대학 천체물리학과 교수 네타 바칼Neta Bahcall은 루빈이 화장실 문 표시에 종이 치마를 붙여 여자 화장실을 만들었다고 회고했다.

루빈은 아주 정교한 분광기를 만든 동료 켄트 포드와 함께 일했다. 분광기는 은하에서 오는 빛을 색, 즉 파장에 따라 분해할 수 있는 기기다. 그들은 그 분광기를 헤일 망원경에 설치하고 은하의 여러 부분에서 오는 빛을 관측해 도플러 효과를 이용하여 별들이 은하를 얼마나 빨리 도는지 측정하였다. 우리가 회전하는 은하의 원반을 옆에서 본다면 한쪽에 있는 별은 우리를 향해 다가와서 별빛의 파장이 짧아지고 반대쪽에 있는 별은 우리에게서 멀어져서 별빛의 파장이 길어져 보인다.

루빈과 포드는 이 효과를 이용하여 각 은하에 있는 별들이 얼마나 빠르게 움직이는지, 그리고 특히 은하의 중심에서 멀어지면서 속도가 어떻게 변하는지 연구했다. 그래서 그들은 큰 망원경이 필요했다. 은하 전체를 하나의 빛 덩어리로 보는 것이 아니라 은하의 각 부분을 나누어서 정밀하게 관측하는 것이 필요했기 때문이다. 그들은 먼저 안드로메다은하를 관측하고 이어서 더 멀리 있는 은하를 50개 넘게 관측했다. 그들은 이 모든 은하들에서 예상하지 못한 패턴을 발견했다. 거의 모든 별들이 은하 중심에서의 거리와 관계없이 거의 같은 속도로 돌고 있었다. 우리은하에서의 속도는 초속 약 225킬로미터이었다.

그들은 이와는 다른 것을 기대했다. 보이는 별, 기체, 먼지로 보면 은하들은 중심부에 밝고 밀도가 높은 팽대부가 있고 밀도가 낮은 원반이 그것을 둘러싸고 있다. 그들은 가장 밝은 팽대부 밖에 있는 별들은 중심부의 가장 무거운 부분에서 멀어질수록 점점 느리게 돌 것이라고 예상했다.

예상은 그랬지만 루빈과 포드의 관측 결과는 그렇지 않

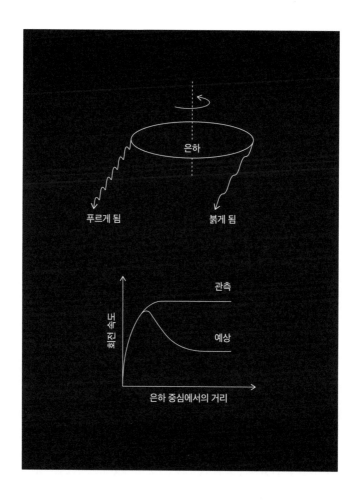

그림 3.2

우리는 도플러 효과를 이용하여 은하들이 얼마나 빨리 회전하는지 측정할 수 있다. 나선 은하의 바깥쪽에 있는 별들은 예상보다 빠르게 움직인다. 보이지 않는 물질이 은하를 둘러싸고 있다는 증거다.

았다. 은하 원반의 가장 바깥쪽에 있는 별들도 여전히 빠르게 돌았고, 밖으로 더 멀리 나가도 느려지지 않았다. 뭔가 다른 일이 일어나고 있는 것이 분명했다. 루빈은 은하에 별이 분포하고 있는 곳보다 더 바깥쪽에 어떤 추가 질량이 있다면 이 모든 것이 설명될 수 있다는 사실을 깨달았다. 관측된 움직임은 은하들이 모두 보이는 것보다 실제로는 몇 배 더 크고 전체 질량의 90퍼센트 정도가 전혀 보이지 않는다고 했을 때의 상황과 잘 맞았다. 별들은 마치 훨씬 더 큰 은하라는 어두운 시골 속에 둘러싸인 밝은 불빛의 도시처럼 보였다.

이것은 신기하고도 놀라운 일이었다. 1976년 결과를 발표했을 때 그들의 아이디어는 처음에는 크게 의심을 받았다. 어쩌면 이것은 그렇게 놀라운 일은 아니었을 수도 있다. 루빈은 이것이 츠비키가 40년 전에 떠올린 것과 같은 아이디어라는 사실을 알았다. 이것은 볼 수는 없지만 중력은 느낄 수 있는 '암흑물질'이었다. 40년 전에 코마 은하단에 있는 100개의 은하들이 암흑물질에 대하여 똑같은 이야기를 들려주었었다. 루빈과 포드가 암흑물질의 확실한 증거를 발견했다는 사실은 금방 분명해졌다. 비슷한 시기에 프린스턴대학의 제리 오스트리커Jerry Ostriker와 짐 피블스Jim Peebles는 컴퓨터 시뮬레이션으로 보이지 않는 암흑물질 없이는 은하들이 우리가 보고 있는 원반 형태를 유지할 수 없다는 사실을 보였다. 은하들이 부서지지 않기 위해서는 암흑물질이 필요했다. 모든 것이 설명되기 시작했고 츠비키의 '둔클레 마테리에dunkle Materie'(암흑물질dark matter의 독일어 – 옮긴이)는 다시 살아났다. 이것이 무엇인지는 의문이다. 이것은 어떤 빛도 방출하지 않기 때문에 우리가 볼 수 없으며, 지금까지도 의문으로 남아 있다.

우리가 아는 바로는 모든 은하, 모든 은하군, 모든 은하단에는 암흑물질이 있다. 이것은 거대한 천체들의 내부나 주변에만 있는 것이 아니라 우주 공간에서 거대한 우주 그물망을 구성하고 있기도 하다. 이 그물망은 우리 뇌의 신경망을 거대하게 확대해놓은 것처럼 보인다. 암흑물질의 질량은 눈에 보이는 물질의 질량보다 다섯 배나 크다. 은하에서 빛나는 부분은 마치 더 큰 어둠의 그물망 사이에서 빛나는 밝은 보석과 같다.

암흑물질을 이해하고 관측하는 능력은 츠비키의 시대보다 훨씬 더 나아졌다. 망원경뿐만 아니라 컴퓨터도 좋아졌기 때문이다. 지난 수십 년 동안 이루어진 컴퓨터의 놀라운 발전 덕분에 사람이 하는 것보다 훨씬 더 빠른 계산이 가능하게 되어 컴퓨터는 이제 거의 망원경만큼이나 필수적인 것이 되었다. 컴퓨터는 가상의 우주 지도를 만들 수 있게 해주어 우리가 암흑물질을 이해하는 데 도움을 주고 있다. 가상의 우주 지도는 우주의 그물망을 구성하는 모든 암흑물질과, 경우에 따라서는 은하들까지 포함하는 모형이다.

그것을 만들려면 컴퓨터에 물리학 법칙을 알려주고 암흑물질이 존재한다는 조건에서 시간이 지나면 어떤 일이 일어나는지 계산하게 하면 된다. 우리는 실제 우주에서 중력이 암흑물질을 끌어당겨 뭉치게 만들 것이라는 사실을 대략적으로는 알고 있다. 하지만 컴퓨터는 그 결과를 연필과 종이로 예측하는 것보다 훨씬 더 자세하게 알 수 있게 해준다. 우리는 가상의 우주 공간에 암흑물질을 뿌려놓고 중력을 작동시킨 다음 거기에서 일어나는 과정을 컴퓨터로 빠르게 진행시킨다. 컴퓨터는 중력 효과가 암흑물질 덩어리들에게 어떤 영향을 미치는지 계산한다. 우리는 시간이 지나면서 어떤 덩어리들은 점점 더 커지고 덩어리 사이에는 빈 공간이 생기는 것을 볼 수 있다. 이런 시뮬레이션은 암흑물질 덩어리들이 어떻게 긴 필라멘트로 연결되고 연결된 암흑물질이 어떻게 우주 공간으로 퍼져 나가는지를 자세히 보여준다.

　　이런 목적으로 컴퓨터를 이용하여 아무도 한 적이 없는 어떤 일을 하려면 컴퓨터가 무엇을 해야 하는지 알려주는 컴퓨터 코드를 만들어야 한다. 사람에게 할 일을 알려주는 안내서처럼 컴퓨터에게 할 일을 주는 안내서도 여러 컴퓨터 언어로 만들어질 수 있다. 컴퓨터 코딩은 망원경과 함께 현대 천문학의 기초가 되었고 우주를 이해하는 우리의 능력은 컴퓨터가 얼마나 강력한지와 밀접하게 연관되어 있다. 암흑물질이 어떻게 진화하는지를 보는 경우, 개별적인

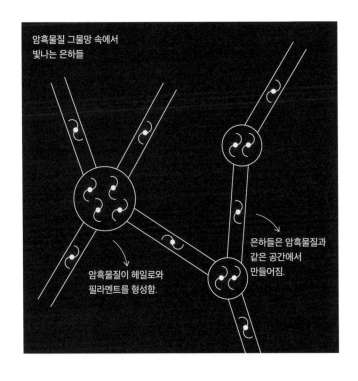

암흑물질 그물망 속에서
빛나는 은하들

암흑물질이 헤일로와
필라멘트를 형성함.

은하들은 암흑물질과
같은 공간에서
만들어짐.

그림 3.3
암흑물질 그물망 개념도

계산은 단순한 중력 법칙만 포함하면 되기 때문에 간단하다. 하지만 각각의 암흑물질과 다른 모든 암흑물질의 상호작용을 추적하는 것은 빠르게 이어지는 엄청난 양의 계산을 필요로 한다.

암흑물질이 어떻게 우주의 그물망으로 만들어지는지를 보여주는 컴퓨터 시뮬레이션은 '네 명의 갱Gang of Four'으로 알려져 있는 천문학자들이 처음으로 개척했다. 조지 에프스타시오George Efstathiou, 사이먼 화이트Simon White, 카를로스 프랭크Carlos Frenk, 마크 데이비스Marc Davis가 그 넷이다. 이 시뮬레이션은 최초의 대규모 은하 전 하늘 관측(서베이)에서 보인 예상 밖의 결과를 설명하려고 시도된 것이었다. 천문학자 마크 데이비스가 이끌어 1981년에 완성된 하버드 천체물리학 센터 서베이Harvard Center for Astrophysics survey는 우리가 포함된 처녀자리 초은하단을 넘어선 먼 거리에 있는 은하 2,000개 이상의 지도를 그렸다. 천문학자들은 은하들이 마디와 긴 필라멘트에 모여 있고 그 사이는 비어 있는 모습을 보았다. 은하들은 암흑물질의 밀도가 가장 높은 곳에 모여 있어야 하므로 이것은 암흑물질 그물망을 처음 간접적으로 본 것이었다. 당시에는 그 그물망이 만들어지는 과정을 충분히 이해하지 못했다(5장에서 이 주제로 다시 돌아올 것이다). 그래서 어떤 모습이 나타날지 예측하는 시뮬레이션이 유용했다. 그리고 최초의 컴퓨터 시뮬레이션은 관측 결과와 잘 맞는 모습을 만들어냈다.

하버드 서베이 이후 점점 더 좋은 서베이들이 이어졌다. 최근에는 뉴멕시코 아파치 포인트 천문대의 2.5미터 광학 망원경으로 2백만 개가 넘는 은하들의 위치를 측정한 슬론 디지털 스카이 서베이Sloan Digital Sky Survey도 있었다. 이런 서베이들은 우주 공간에서 은하군과 은하단들의 위치를 더 정확하게 알 수 있게 해주었다. 우주의 구조를 관측하는 능력이 발전하면서 시뮬레이션도 더 정확해졌다. 지금은 시뮬레이션으로 수백억 개의 암흑물질 덩어리를 수십억 년 동안 추적할 수 있다. 이것은 독일의 천문학자 폴커 스프링겔Volker Springel이 이끄는 팀이 2017년에 수행한 최첨단의 〈일러스트리스 TNG Illustris: The Next Generation〉(일러스트리스는 라틴어로 '빛나는'이라는 의미 – 옮긴이) 시뮬레이션으로, 엄청난 컴퓨터 능력을 사용하였다. 이것은 수천 년의 컴퓨터 시간이 필요한 일인데 수천 대의 컴퓨터를 하나의 슈퍼컴퓨터로 연결하여 수 개월 동안 사용하는 방식으로 해결했다. 이런 컴퓨터 시뮬레이션은 우주의 암흑물질 연결망이 어떤 모양일지 훨씬 더 자세하게 알려준다. 그리고 은하들이 어떻게 만들어지고 진화하는지 이해하기 위해 우주의 기체와 별들을 시뮬레이션하기도 한다. 은하들을 관측한 결과는 여전히 대체로 컴퓨터 시뮬레이션의 예측과 잘 맞는다.

은하들이 얼마나 빨리 회전하는지 측정하거나 은하들의 위치를 관측하는 것은 모두 보이지 않는 물질을 찾아가는 과정이다. 아인슈타인의 중력 이론은 암흑물질을 보는 또 다른 멋진 방법을 제공해준다. 빛은 질량을 가진 물체가 당기는 중력이 없는 한, 공간을 직선으로 나아간다. 빈 공간을, 트램펄린에 펼쳐진 잘 휘어지는 고무판이라고 생각해보자. 고무판 위에 은하와 같은 천체가 올라가면 고무판이 휘어진다. 물체가 무거울수록 고무판은 더 많이 휘어진다. 납으로 만든 공은 구슬보다 더 깊이 들어간다.

이제 작은 물체가 우주 공간을 어떻게 이동할지는 그것이 고무판 위를 어떻게 움직일지를 생각해보면 알 수 있다. 아주 무거운 공을 고무판 중앙에 놓고 구슬을 굴리는 모습을 생각해보자. 구슬을 똑바로 공을 향해 굴리면 구슬은 공이 만든 오목한 구멍으로 들어가서 멈출 것이다. 공이 만든 구멍을 완전히 피할 수 있도록 충분히 멀리 굴리면 공은 그냥 직선으로 굴러갈 것이다. 구슬을 공이 만든 구멍의 가장자리를 살짝 지나갈 정도로 굴리면 더 재미있는 일이 일어난다. 구슬은 방향을 살짝 바꾸며 굴러갈 것이다.

이제 공을 사이에 두고 고무판 반대쪽에 친구가 서 있다고 생각해보자. 공을 치우고 구슬을 친구의 어느 한쪽 옆으로 굴리면 구슬은 그 방향으로, 직선으로 굴러갈 것이다. 이제 다시 공을 놓고 구슬을 같은 방향으로 굴려보자. 그러면 구슬은 친구의 옆쪽으로 굴러가지 않고 공이 만든 구멍을 지나면서 살짝 휘어져 친구가 있는 방향으로 굴러갈 것이다. 친구의 다른 쪽 옆을 향해 구슬을 굴려도 이번에는

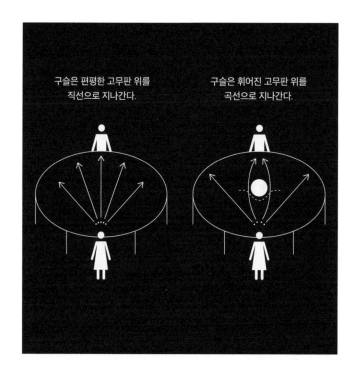

그림 3.4
우주 공간에서 빛의 경로를, 구슬이 트램펄린의 고무판 위를 굴러간 경로로
시각화한 것.

반대 방향으로 살짝 휘어져 역시 친구가 있는 방향으로 굴러갈 것이다.

이것은 공간에서 무거운 물체가 만든 오목한 구멍 때문에 다른 물체가 움직이게 되는 모습과 비슷하다. 이것은 아인슈타인의 위대한 발견들 중 하나다. 질량과 에너지는 공간을 휘어지게 하고 움직이는 모든 것은 중력에 의해 휘어진 공간을 따라 움직인다는 것이다. 상상하기 어려운 것은, 그렇다면 이것이 3차원에서는 어떻게 작동하느냐다. 우리의 상상 실험에서 고무판의 표면은 편평한 2차원에서 시작해서 공의 압력이 위-아래의 세 번째 방향을 만들어낸다. 공간은 고무판 표면이 모든 방향으로 펼쳐져 있는 3차원이다. 무거운 물체는 고무판에서 무거운 공이 그랬던 것처럼 공간을 휘어지게 만들지만 그 모습을 시각화하기는 어렵다. 우리의 3차원 뇌는 네 번째 차원으로 휘어지는 모습을 그릴 수 없기 때문이다. 하지만 어쨌든 우리는 결과는 상상할 수 있다. 고무판에서와 마찬가지로 우리는 구슬을 공의 오른쪽이나 왼쪽으로 굴려서 친구에게 가도록 만들 수 있고, 이번에는 아래쪽이나 위쪽으로 굴려서도 가능하다.

아인슈타인은 유성이나 혜성과 같은 작은 물체들만이 아니라 빛도 우주 공간에서 그렇게 움직일 수 있다는 사실을 깨달았다. 밝은 빛이 우주 공간에 있는 무거운 물체를 향해 가고 있는 모습을 생각해보자. 무거운 물체를 향해 똑바로 나아가는 빛은 그냥 그 물체에 부딪쳐 움직임을 멈출 것이다. 물체에서 충분히 떨어져서 가는 빛은 그대로 똑바로 나아갈 것이다. 그 사이에는 큰 물체가 공간을 살짝 변형시켜 놓은 지점을 지나가는 빛이 있을 것이다. 이 빛은 휘어질 것이고 그중 일부는 우리 눈으로 들어올 수 있을 것이다. 그 빛은 물체를 살짝 돌아서 우리에게 도달하는 것이다.

이 현상을 '중력 렌즈'라고 한다. 무거운 물체가 빛을 휘어지게 하는 렌즈 역할을 하고, 은하 전체가 배경의 광원이 되기도 한다. 무거운 물체는 은하단이 될 수도 있다. 만약 밝은 은하가 렌즈가 되는 물체의 바로 뒤에 있다면 그 빛이 렌즈를 중심으로 고리 모양으로 퍼지는 것을 볼 수 있다. 이것을 '아인슈타인의 고리'라고 부른다. 뒤쪽의 은하가 한쪽으로 약간 벗어나 있다면, 그 은하의 복사본 몇 개를 볼 수 있다. 빛은 고무판 위에서 무거운 물체의 양쪽으로 휘어져서 친구에게로 가는 구슬과 비슷하다. 뒤쪽에 있는 은하의 복사본은 구슬이 굴러오는 방향으로 보일 것이고, 밝은 점이 아니라 원호 모양으로 약간 길쭉하게 보일 것이다.

같은 천체가 여러 개로 보이는 이 현상을 관측하기 훨씬 이전부터 천문학자들은 아인슈타인 이론의 첫 번째 중요한 예측을 무척 확인해보고 싶었다. 그것은 중력이 빛을 휘어지게 할 수 있는가 하는 단순한 사실이었다. 아인슈타인의 새 이론은 빛이 뉴턴의 고전적인 이론으로 예상하는 것보다 두 배 더 휘어질 것이라고 예측했다. 1913년 아인슈타인은 캘리포니아에 있는 조지 엘러리 헤일에게 그의 예

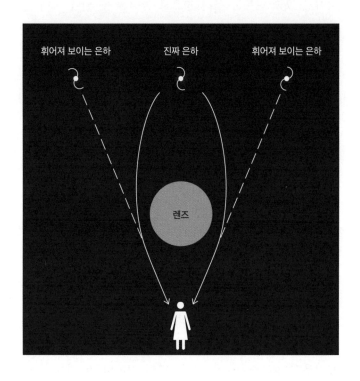

그림 3.5
은하에서 오는 빛은 무거운 물체 때문에 휘어져서 여러 곳에 있는 것처럼 보인다.

측을 설명하고, 태양의 중력이 거대한 렌즈가 되어 멀리 있는 하나의 별에서 오는 빛을 휘어지게 하는 것을 관측하기 위해서는 어떤 조건이 필요한지 문의하는 편지를 썼다. 별빛은 팔을 뻗었을 때 엄지손가락 너비의 1,000분의 1보다 더 작을 정도로 아주 조금만 휘어질 것이라고 아인슈타인은 설명했다. 아인슈타인은 이것을 보기 위해 개기 일식이 필요하다면 달이 언제 태양 빛을 완전히 가릴 것인지, 혹은 부분 일식으로도 관측이 가능한지 알고 싶었다. 헤일은 개기 일식이 필수적이라고 대답했다. 개기 일식 때가 아니라면 태양에서 나오는 빛이 태양에서 가장 가까운 위치에 있는 별빛을 완전히 묻어버릴 것이기 때문이었다.

아인슈타인은 개기 일식을 기다려야 했다. 1914년 독일의 천문학자 에르빈 핀라이-프로인틀리히Erwin Finlay-Freundlich는 그런 일식을 관측하여 아인슈타인의 예측을 검증하기 위해서 크림반도로 원정을 가려고 했지만 제1차 세계대전이 방해를 했다. 휘어지는 별빛을 처음으로 관측한 것은 1919년 아서 에딩턴과 그의 동료들이었다. 두 팀이 관측을 위해 떠났다. 한 팀은 브라질의 소브라우Sobral로, 다른 한 팀은 아프리카 서쪽 해안에 있는 프린시페Principe의 작은 섬으로 갔다. 그들은 별들의 원래 위치를 찍은 사진과 태양이 공간을 휘어지게 만들었을 때 보이는 위치를 비교하여 뒤쪽 별에서 나온 빛이 얼마나 휘어지는지 측정했다. 별들은 약간 이동했고, 프린시페에서 측정한 값은 아인슈타인의 예측과 일치했다. 이 결과는 기쁘게 발표되었고 영국 모든 신문의 1면을 장식했다. 에딩턴은 케임브리지로 돌아와 대중 강연에서 이 원정에 대한 발표를 했고, 여기에 큰 감명을 받은 세실리아 페인-가포슈킨은 천문학자가 되었다.

1936년이 되어서야 아인슈타인은 저널 기사에서 빛이 휘어지면 하나의 천체를 여러 개로 보이게 만드는 중력 렌즈가 존재한다고 자연스럽게 결론 내릴 수 있으리라고 이야기했다. 그는 이것을 수 년 전에 알아차렸지만 발표를 하지 않았다. 그 효과를 우리는 절대 관측할 수 없을 것이라고 생각했기 때문이다. 그는 이 현상이 일어나려면 멀리 있는 하나의 별에서 오는 빛이 더 가까이 있는 하나의 별에 의해 휘어져야 하는데, 이런 현상이 일어날 정도로 두 별이 나란하게 위치할 가능성은 극히 낮다고 본 것이다.

1937년 프리츠 츠비키는 하나의 별이 아니라 은하단 전체가 공간을 휘어지게 하는 거대한 렌즈가 되어 멀리 있는 은하 전체에서 오는 빛을 휘어지게 할 수 있다는 사실을 알아냈다. 은하들이 나란하게 배열될 가능성은 개개의 별들이 나란하게 배열될 가능성보다 훨씬 더 크다. 1933년에 코마 은하단을 관측하여 암흑물질의 가능성을 발견한 츠비키는 코마 은하단의 질량을 측정하여 잃어버린 물질이 정말로 있는지 알아낼 수 있는 또 다른 방법을 사용할 수도 있었다. 은하단이 무거울수록 빛을 더 많이 휘어지게 하기 때문이다. 이것은 과학적이고 위대한 계획이었지만 츠비키의 많은 아이디어들이 그랬던 것처럼 시대를 너무 앞서 있었다. 1930년대의 망원경들은 은하의 중력 렌즈를 관측할 정도로 좋지가 못했다. 이번에도 역시 츠비키는 기술이 자신을 따라잡을 때까지 기다려야 했다.

중력 렌즈를 통과한 은하를 찾으려면 같은 은하에서 나온 빛이 중력 렌즈에 의해 휘어져 여러 방향으로 들어와서 만드는 여러 개의 상을 찾으면 된다. 과학자들은 1979년이 되어서야 이 일을 할 수 있게 되었다. 천문학자 데니스 월시Dennis Walsh, 로버트 카스웰Robert Carswell, 레이 웨이먼 Ray Weymann이 키트 피크Kitt Peak 천문대의 2미터 망원경을 이용하여 하나의 퀘이사가 두 개의 상으로 보이는 것을 발견했다. 퀘이사는 우주에서 가장 밝은 천체들 중 하나로 1950년대에 처음 발견되었다. 퀘이사는 은하의 핵으로, 중심부에 무거운 블랙홀이 있고 기체 원반이 그 주위를 돌고 있다. 퀘이사는 기체 원반이 블랙홀로 떨어지면서 전파에서 감마선까지 모든 종류의 빛을 방출할 때 만들어진다. 퀘이사는 우리은하보다 수천 배나 더 밝고, 아주 멀어서, 심지어 1장에서 만났던 Ia형 초신성보다 더 멀리서도 볼 수 있다. 알려진 가장 멀리 있는 퀘이사에서 온 빛은 130억 년도 더 전에 출발하였다.

1979년에 렌즈 현상을 발견한 천문학자들은 모든 파장에서 같은 양의 빛을 방출하는, 똑같아 보이는 두 개의 퀘이사가 하늘에서 가까이 있는 것을 관측하였다. 그들은 이들이 하나의 천체에서 나온 빛이 가까이 있는 은하에 의해 휘어져서 만든 두 개의 상일 것이라고 추론했다. 쌍둥이 퀘이사라고 이름 붙인 이 퀘이사는 약 90억 광년이라는 엄청난 거리에 있다. 빛을 휘어지게 만든 은하는 40억 광년 거리에 있다. 이들은 관측 가능한 우주의 아주 먼 곳에 있다. 드디어 중력 렌즈 현상이 발견되었지만 츠비키는 이것을 보지 못했다. 그는 5년 전에 세상을 떠났다.

하나의 천체를 두 개의 상으로 보는 것이 흥미로운 이유 중 하나는 같은 물체를 서로 다른 두 시간대의 상으로 볼 수 있다는 데에 있다. 빛이 우리에게 도착하는 동안 서로 다른 거리를 움직이기 때문이다. 이 사실은 낯설게 느껴진다. 이것은 방 저쪽에 있는 한 사람을 두 방향에서 보는데 한쪽이 더 나이 든 모습을 보는 것과 같다는 말이다. 고무판과 구슬의 예로 돌아가 보면 어떻게 그렇게 되는지 이해할 수 있을 것이다. 큰 공의 반대편에 있는 친구를 향해 구슬을 동시에 다른 방향으로 굴리면 오른쪽과 왼쪽으로 굴린 구슬은 동시에 친구의 손에 닿을 것이다. 그런데 만일 내가 한쪽으로 치우쳐 서 있으면 내가 있는 쪽에서 굴린 구슬은 동시에 출발했지만 반대편의 더 길고 더 휘어진 경로를 따라 굴린 구슬보다 더 빨리 친구에게 도착할 것이다. 우주 공간을 이동하는 빛에게도 똑같은 현상이 일어난다. 쌍둥이 퀘이사 중 하나에서 나온 빛은 다른 하나에서 나온

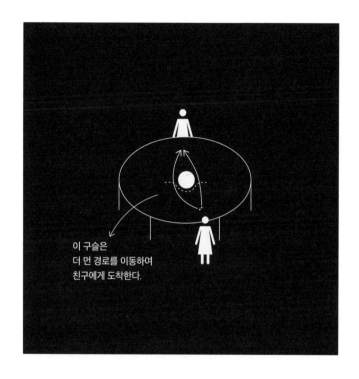

이 구슬은
더 먼 경로를 이동하여
친구에게 도착한다.

그림 3.6
두 개의 구슬은 서로 다른 거리로 고무판을 가로지를 수 있다. 하늘에 있는
천체에서 나온 빛도 비슷하게 움직인다.

빛보다 1년 더 일찍 지구에 도착한다. 그러니까 같은 물체의 젊은 모습과 늙은 모습을 동시에 보는 것이다.

우리는 아주 최근에 이런 멋진 예를 실시간으로 목격했다. 2014년, 버클리 캘리포니아대학의 천문학자 패트릭 켈리Patrick Kelly는 멀리 있는 은하를 연구하기 위해 허블 우주망원경을 사용하고 있었다. 그는 노르웨이의 천문학자 슈르 레프스달Sjur Refsdal의 이름을 딴, 레프스달이라는 이름의 새로운 초신성을 발견했다. 그것의 빛은 중간에 있는 무거운 천체에 의해 휘어져, 초신성이 있는 은하의 상이 여러 개가 나타났다. 켈리와 그의 동료들은 무거운 렌즈의 모양과 위치를 조사하여 같은 초신성의 상이 다른 시간에 두 개가 더 나타나야 한다고 예측했다. 하나는 이미 나타났을 수 있지만 다른 하나는 1년 후에 나타날 것으로 예상되었다. 그리고 기대한 대로 2015년 말에 또 하나의 상이 정확하게 예측한 위치에 나타났다. 이것은 우주에서 중력의 아름다운 효과만이 아니라 과학적인 아이디어를 예측하고 검증할 수 있는 우리의 능력을 보여준 사건이기도 했다.

이제 우리는 우주의 렌즈를 수없이 많이 알고 있다. 첫 번째 발견이 있은 지 몇 년 후에 한 퀘이사의 상을 네 개로 만드는 렌즈가 발견되었고, 1988년에는 하나의 은하가 둥근 원으로 보이는 아인슈타인의 고리가 처음으로 발견되었다. 지금은 무거운 천체를 빛이 긴 원호로 둘러싸고 있는 수천 개의 중력 렌즈가 발견되어 있다. 이들은 우리가 우주에서 보는 가장 아름답고 놀라운 모습들 중 하나다.

츠비키가 1930년대에 생각했던 것은 이 렌즈 효과를 이용하여 렌즈 역할을 하는 은하나 은하단의 질량을 구하는 것이었다. 현대의 천문학자들은 중력 렌즈를 이용하여 우주에 있는 전체 암흑물질을 모습을 알아내려는 더 과감한 시도를 하고 있다. 이것은 가능한 일이다. 모든 무거운 것은 빛을 만들어내지 않더라도 빛을 휘어지게 만들기 때문이다. 암흑물질이 많을수록 빛이 더 많이 휘어진다. 우리는 우리은하 밖에 있는 은하단과 초은하단에 있는 수백만 개의 먼 은하들을 볼 수 있고, 그들의 빛이 지구에 있는 우리의 망원경에 도착하는 경로에 있는 모든 물질에 의해 어떻게 휘어져 왔는지 볼 수 있다. 배경에 있는 은하들의 대부분은 그 경로에 있는 렌즈와 딱 맞게 배열되어 있지 않기 때문에 대부분 은하들의 렌즈 효과로는 여러 개의 상이 만들어지는 것이 아니라 얼룩 모양이 나타난다. 우리는 이런 얼룩 모양을 이용하여 관측 가능한 우주 대부분에 있는 암흑물질의 3차원 지도를 만들어낼 수 있다. 우리는 현대의 망원경들로 이제 막 이 일을 시작했고, 다음 10년 동안 유럽 우주국의 유클리드 위성과 칠레의 거대 광시야 서베이 망원경Large Synoptic Survey Telescope이 큰 진전을 이뤄줄 것이다. 이런 미래의 프로젝트들에 대해서는 5장에서 다시 다룰 것이다.

우리는 이제 우주에 있는 물질의 대부분은 눈에 보이지 않는다는 사실을 알고 있으며, 이 물질이 얼마나 있는지도 꽤 정확하게 측정할 수 있지만, 그것이 무엇인지는 거의 알지 못하고 있는 흥미로운 상황에 놓여 있다. 우리가 알고 있는 암흑물질의 구성 성분은 단 하나밖에 없다. 우리가 알고 있는 가장 작은 입자인 우주의 중성미자다. 전자보다 백만 배 더 가볍고 수소 원자보다는 10억 배 더 가볍다. 이들은 어디에나 있으며 엄청나게 많이 있다. 일 초 일 초마다 수백억 개의 중성미자가 당신 손을 통과하여 지나간다. 하지만 우리는 이들을 볼 수 없다. 중성미자는 사실상 보이지 않기 때문이다. 이들은 어떤 파장의 빛도 방출하지 않고 당신 몸에 있는 원자들뿐만 아니라 어떤 원자들과도 상호작용하지 않는다. 적어도 거의 그렇다. 중성미자의 대부분은 우주 일생의 초기에 만들어졌고, 이들은 우주의 중성미자라고 불린다. 다른 중성미자들은 초신성, 태양, 별, 그리고 심지어 지구의 대기에서 최근에 만들어진 것이다.

중성미자는 1930년대에 볼프강 파울리Wolfgang Pauli가 처음 생각해냈다. 그는 원자의 핵 안에서 중성자가 양성자가 되거나 그 반대가 되는 특정한 종류의 방사성 붕괴에 대하여 연구하고 있었다. 베타 붕괴라고 알려진 이 과정에서는 전자와 중성미자가 하나씩 만들어진다. 파울리는 전자밖에 보이지 않지만 원자핵에서 에너지의 일부가 없어진다는 계산 결과를 설명하기 위해서 중성미자를 생각해냈다. 하지만 그는 이 입자가 발견되지 않을 것이라고 생각했기 때문에 중성미자는 절대 발견되지 않을 것이라는 유명한 내기를 했다.

파울리는 처음에 이 새로운 입자를 중성자라고 불렀지만 1932년 제임스 채드윅James Chadwick이 지금 우리가 알고 있는 더 무거운 입자에 같은 이름을 붙였다. 같은 해 말에 이탈리아의 물리학자 에도아르도 아말디Edoardo Amaldi가 '중성인 작은 입자'라는 의미의 중성미자中性微子, neutrino라는 이름을 떠올렸다. 그의 동료였던 엔리코 페르미Enrico Fermi가 컨퍼런스에서 그 이름을 사용하기 시작했고 그렇게 이름이 정해졌다. 1933년 페르미는 베타 붕괴 과정에서 어떻게 중성미자가 만들어지는지 설명하는 논문을 네이처에 제출했지만 너무 비현실적이라는 이유로 거절당했다. 나중에 그의 모형은 옳은 것으로 드러났다. 20년도 더 지난 후인 1956년 미국의 물리학자 클라이드 코완Clyde Cowan과 프레더릭 라이너스Frederick Reines가 사우스캐롤라이나에 있는 원자로인 사바나 리버 플랜트Savanah River Plant에서 중성미자를 처음으로 발견하였다. 그들은 파울리에게 전보로 그 좋은 소식을 전했고, 파울리는 그들에게 샴페인 한 상자를 보냈다.

최초로 발견된 중성미자는 지구의 원자로에서 만들어진 것이었다. 하지만 우리 몸을 지나가는 중성미자의 대부분은 태양에서 온 것이다. 이들은 태양의 중심에서 수소가 타서 헬륨이 되는 핵융합의 부산물로 만들어진다. 그리고 태양의 중심에서 빠져나와 약 8분 후, 태양 표면에서 나온 빛이 지구에 도착하는 것보다 약간 더 늦게 지구에 도착한다. 1960년대에 미국의 물리학자 레이 데이비스Ray Davis와 존 바칼이 사우스다코타 홈스테이크 금 광산Homestake Gold Mine의 깊은 지하에 있는 홈스테이크 실험 장치를 이용하여 태양에서 오는 중성미자를 처음으로 검출했다. 바칼은 태양이 만들어내야 하는 중성미자의 수를 계산하여 예상되는 중성미자의 약 3분의 1만이 지구에 도착하는 것으로 보인다는 사실을 발견했다.

이 의문의 현상에는 곧 '태양 중성미자 문제'라는 이름이 붙었다. 당시 물리학자와 천문학자들은 중성미자에 전자 중성미자, 뮤온 중성미자, 타우 중성미자의 세 종류가 있다는 사실을 알고 있었다. 1957년 이탈리아의 물리학자 브루노 폰테코르보Bruno Pontecorvo는 중성미자가 질량을 가진다면 우주 공간을 날아가는 동안 종류가 바뀔 수 있다는 아이디어를 제안했다. 중성미자의 종류가 바뀌면서 우리는 관측 가능한 전자 중성미자만을 보고 있다는 설명이었다. 하지만 다른 아이디어들도 많이 있었고, 잃어버린 중성미자에 대한 올바른 설명이 중성자의 '진동'(중성미자의 종류가 바뀌는 현상을 진동oscillation이라고 표현한다 - 옮긴이)이라는 사실을 과학자들이 밝히는 데에도 30년이 넘게 걸렸다. 1998년에서 2002년 사이에 일본의 수퍼-가미오칸데Super-Kamiokande

실험실과 온타리오 니켈 광산의 서드베리 중성미자 관측소Sudbury Neutrino Observatory 두 곳에서, 수천 톤의 중수를 이용하여 깊은 지하에서 중성미자를 검출하는 실험으로 중성미자의 종류가 실제로 바뀐다는 사실을 발견했다. 이 발견은 두 실험의 책임자인 가지타 다카아키Kajita Takaaki와 아트 맥도널드Art McDonald에게 2015년 노벨 물리학상을 선사했다. 그리고 그들이 발견한, 태양에서 오는 중성미자의 수는 수십 년 전에 바칼이 처음으로 예측했던 것과 일치하는 것으로 밝혀졌다. 과학적인 예측의 승리였다.

이런 복잡한 실험도 있었지만 우리는 아직 중성미자의 질량을 알지 못한다. 최선의 추정은 중성미자가 우주 암흑물질의 0.5에서 2퍼센트 사이를 구성한다는 것이다. 1980년대에는 러시아 물리학자 야코프 젤도비치Yakov Zel'dovich의 의견에 따라 많은 사람들이 중성미자가 암흑물질 전체를 차지한다고 생각했다. 하지만 암흑물질의 그물망이 아주 다르게 보인다는 것이 드러나면서 이것은 사실이 아닌 것으로 밝혀졌다. 은하단이나 초은하단과 같은 우주의 그물망을 안정되게 만들어 우주의 구조를 당겨서 지탱하고 있는 것이 암흑물질의 중력이다. 중성미자는 너무 가벼워서 빛의 속도에 가깝게 우주를 날아다니고, 중력에서 벗어나려고 한다. 이것은 중성미자가 만드는 우주의 구조는 더 느리게 움직이는 암흑물질 입자가 만드는 구조보다 덜 뭉쳐진다는 것을 의미한다. 1980년대 후반에 천문학자들은 네 명의 갱이 '차가운' 암흑물질을 이용하여 수행한 시뮬레이션과 천체물리센터Center for Astrophysics의 은하 관측 결과를 비교하여 우주의 구조는 중성미자만으로는 이루어질 수 없다는 결론을 내렸다. 만일 그랬다면 우리가 관측하는 수의 은하단이나 초은하단은 만들어질 수 없었을 것이며, 이들의 대부분은 더 무겁고 더 느리게 움직이는 '차가운' 암흑물질 입자들로 이루어져 있어야 한다는 것이다. 이 결과는 더 많은 은하들의 지도를 그리고 점점 더 정확한 시뮬레이션을 한 천문학자 팀들에 의해 계속 확인되었다.

중성미자를 제외하면 암흑물질의 대부분은 우리가 지구에서 아직 만나지 못한 무언가로 이루어져 있는 것으로 보인다. 인기 있는 아이디어는 이 차가운 암흑물질의 상당량은 너무 작아서 중심부에서 핵융합이 일어나지 않는 별이나 행성, 혹은 블랙홀과 같이 익숙한 천체들을 구성하고 있다는 것이었다. 이들은 모두 우리가 알고 있는 물질로 만들어져 있지만 빛은 거의 방출하지 않는다. 이런 천체들은 마초MACHO, Massive Astrophysical Compact Halo Objects라고 불린다. 문제는 이들은 달 정도에서 최대 태양의 백 배 정도로 크다는 것이다. 이것은 아주 크기 때문에 별을 통해서 이들의 중력 효과를 볼 수 있다. 이들이 어떤 별 앞을 지나간다면 마초의 중력은 별빛을 약간 휘어지게 해서 우리를 향하는 빛을 모으기 때문에 별이 평소보다 약간 밝아질 것이다. 천문학자들은 이 암흑물질 이론에 따라 실제로 일어나는 현상을 아직 충분히 관측하지는 못했다.

그렇다면 다른 가능성이 남는다. 중성미자를 제외한 암흑물질은 완전히 새로운 하나 혹은 여러 종류의 입자로 이루어져 있다는 것이다. 이것은 빛을 전혀 방출하지 않거나 방출하더라도 아주 조금만 해야 하며, 사람이나 벽을 방해받지 않고 통과해야 한다. 그러니까 이것은 우리가 알고 있는 원자나 원자를 이루고 있는 양성자, 중성자, 전자나 심지어 양성자와 중성자를 이루고 있는 쿼크 입자도 아니어야 한다는 말이다. 그리고 몇몇 예외를 제외하고는 중성미자처럼 너무 가벼워서도 안 된다.

우리에게 필요한 것은 뭔가 새로운 것이다. 가장 가능성이 높은 것 중 하나는 윔프WIMP, Weakly Interacting Massive Particle라는 것이다. 윔프는 수소 원자보다 수백 배에서 수천 배 더 무겁고 서로, 그리고 우리와 거의 상호작용하지 않는 아직 알려지지 않은 입자를 가리키는 일반적인 이름이다. 마초처럼 윔프도 물리학과 천문학에서 흔히 쓰이고 있고, 두 이름의 의미가 연관이 있는 것은 우연이 아니다 (wimp는 약골이라는 뜻이고, macho는 크고 거칠다는 뜻이다-옮긴이). 윔프라는 이름이 먼저 붙여졌고, '마초'는 1990년 킴 그리스트Kim Griest가 이것이 윔프보다 훨씬 더 크다는 것을 강조하기 위해서 장난스럽게 붙인 이름이다.

최근까지 윔프는 초대칭 가족에 속하는 알 수 없는 암흑물질일 것이라고 여겨졌다. 초대칭은 우리가 아는 모든 입자는 더 무거운 짝을 가지고 있다는 물리학 이론이다. 모든 쿼크quark 입자는 '스쿼크squark'를 초대칭 짝으로 가지고 있고, 작은 전자electron는 더 무거운 '셀렉트론selectron'을 짝으로 가지고 있다. 아직은 어떤 초대칭 입자도 발견된 적이 없기 때문에 환상적인 얘기로 들릴 수도 있겠지만, 이것은 아주 우아한 이론이다. 이 가설의 초대칭 입자들 중에서 가장 작은 것은 뉴트랄리노neutralino라고 하는데, 그래도 수소 원자보다 몇 배나 더 무겁다. 뉴트랄리노 가설은 물리학자들에게 특별히 인기가 있다. 그것은 더 작은 것으로 부서지지 않고 다른 입자와 상호작용도 하지 않으리라고 예상되기 때문이다. 줄의 맨 뒤에 서 있는 것이다.

다른 윔프 입자가 존재할 가능성이 있는 것처럼 이 초대칭 입자들 가족에도 다른 가능성이 있다. 최근까지만 해도 이 초대칭 입자를 제네바 근처의 유럽 핵물리 연구소인 세른CERN의 거대강입자충돌기LHC, Large Hadron Collider로 만들어서 실제 암흑물질 입자를 발견할 수 있을 것이라는 희망이 컸다. 세른에서의 실험은 다른 찾기 어려운 입자—힉스 입자—를 찾는 데에는 매우 성공적이었지만 아직 초대칭의 흔적은 전혀 찾지 못했다. 이것이 초대칭 입자가 존재하지 않는다는 의미는 아니지만 그것이 우리의 시야를 벗어나 숨어 있다는 것을 의미하고, 어떤 사람들에게는 과연 존재하기는 하는 것일까 하는 의문을 불러일으킨다. 어쩌면 이것은 현실을 설명하지 못할 수도 있다.

LHC가 우리가 이런 찾기 어려운, 약하게 상호작용하는 암흑물질 입자를 찾는 데 사용하는 유일한 도구는 아니다. 검출기로 입자를 직접 발견하기를 희망할 수도 있다. 사우스다코타의 거대 지하 제논 실험실을 포함하여 지하 깊은 곳에 있는 오래된 광산에서 이들을 찾는 실험을 진행하고 있다. 그리고 동시에 이 입자들이 상호작용을 하여 보내는 어떤 빛 신호의 흔적을 찾기 위하여 하늘도 관찰하고 있다. 아직 아무것도 보지는 못했다.

암흑물질이 무엇인가에 대한 또 다른 흥미로운 이론은 악시온axion, 혹은 아주 무거운 중성미자 입자, 혹은 우리가 알고 있는 것보다 더 많은 차원에서 살고 있을 때만 나타나는 입자에 대한 것이다. 그리고 어쩌면 하나의 입자만 찾아서는 되지 않을 수도 있다. 암흑물질은 다양한 암흑 입자들의 가족으로 이루어져 있을 수도 있다. 그리고 어쩌면 아무도 상상하지 못한 어떤 것일 수도 있다.

우리는 지금 우리가 살고 있는 이 넓은 세상이 대부분 보이지 않고, 우리가 알고 있는 원자들보다 총 다섯 배나 더 무겁게 어떤 새로운 '물질'이 전 공간에 퍼져 있고, 이들은 지구, 태양계, 우리은하 어디에나 있으면서 눈에 보이는 은하와 은하단의 뼈대를 형성하고 있는 이상한 상황에 놓여 있는 것이다. 이 물질이 존재한다는 증거의 거의 대부분은 순전히 암흑물질의 중력이 눈에 보이는 물체에 미친 효과를 관찰하여 찾아낸 것이다.

그렇기 때문에 천문학자들이 애초에 중력이 어떻게 작용하는지 잘못 이해한 것은 아닐까 스스로 의문을 가져보는 것은 자연스러운 일이다. 암흑물질은 어떤 착시 효과일까? 다른 물체가 있을 때 어떤 물체가 어떻게 움직이는지를 알려주는 중력 법칙이 수정되어야 하는 것일까? 이것은 명료한 질문이고, 이스라엘의 물리학자 모르데하이 밀그롬Mordehai Milgrom이 바로 그 질문을 했다. 1980년대 초에 그는 베라 루빈과 켄트 포드가 관측한 은하의 회전을 다른 방식으로 설명한, 몬드MOND, Modified Newtonian Dynamics라고 불리는 수정된 뉴턴 역학 이론을 생각해냈다. 그의 아이디어는 무거운 물체로부터의 거리가 증가할 때 힘이 뉴턴이나 아인슈타인의 일반적인 물리법칙보다 더 느리게 감소한다는 것이었다. 사실 베라 루빈도 처음에는 새로운 입자가 필요하다는 생각보다는 이 아이디어에 더 끌렸다.

이 수정된 중력 법칙은 중력이 극히 약할 때만 효과가 나타나기 때문에 지구나 태양계 천체들에서는 알아챌 수가 없다. [중력이 아주 약한 - 옮긴이] 은하의 바깥쪽에 가서야 효과를 발휘하기 시작하기 때문에 은하의 회전을 설명하기에 편리하다. 하지만 이 이론은 다른 많은 관측 결과를 설명하지 못한다는 심각한 약점을 가지고 있다.

이것을 보여주는 하나의 예는 2006년 미국의 천문학자 더글러스 클로Douglas Clowe와 그의 동료들이 한, 암흑물질의 존재에 대한 추가적인 믿음을 주는 놀라운 관측이다. 그

4장

우주의 본성

지금까지 우리는 우주가 어떻게 구성되어 있는지 알아보았다. 우리는 태양계부터 이웃한 별들, 은하, 은하군과 은하단, 그리고 마지막으로 규모가 가장 큰 초은하단까지 한 단계씩 큰 규모로 우주의 사다리를 올라갔다. 우리는 우주의 이런 다양한 지역에 포함된 행성, 별, 블랙홀, 별이 태어나는 기체 구름, 우주 먼지, 은하단에 퍼져 있는 뜨거운 기체, 그리고 아직 정체를 알 수 없는 암흑물질까지, 보이는 것과 보이지 않는 것에 대해서도 알아보았다. 우리는 우주가 지금 어떻게 보이는지에 초점을 맞췄다. 우주의 과거와, 우리가 어떻게 더 먼 우주를 볼수록 더 먼 과거를 볼 수 있는지에 대해서는 간단하게만 다루었다.

이 장에서는 우주 그 자체의 본질에 대해서 좀 더 알아볼 것이다. 우주는 무한히 크고 항상 존재해왔을까? 이 질문은 우리를 가장 과거의 시간과 우리가 갈 수 있는 가장 먼 공간으로 데리고 간다. 시작의 순간, 즉 우주의 탄생이다.

1장에서 보았듯이 우리은하가 우주 전체가 아니라는 사실을 사람들이 알게 된 것은 1920년대가 되어서였다.

1920년에 있었던 히버 커티스와 할로 섀플리 사이의 대논쟁은 우리은하 너머에 뭔가가 존재하는지, 특히 밤하늘에 보이는 어둡고 뿌연 빛들이 우리은하 안에 있는 것인지 밖에 있는 것인지에 대한 것이었다. 그 논쟁은 에드윈 허블이 맥동하는 세페이드 변광성을 관측하여 해결하였다. 세페이드 변광성 밝기의 경향성에 대한 헨리에타 레빗의 연구를 이용하여, 허블은 뿌연 빛을 내는 구름에 있는 별들이 너무 어두워서 우리은하 안에 있기에는 너무 먼 거리에 있다는 사실을 알아냈고, 그 성운이 우리은하 밖에 있는 완전히 새로운 은하라는 사실도 확인했다.

이 발견은 알베르트 아인슈타인이 공간 그 자체가 어떻게 행동하는지 설명하는, 너무나 아름다운 이론인 일반상대성이론을 개발한 지 불과 몇 년 후에 이루어진 것이다. 2장과 3장에서 알아보았듯이, 아인슈타인은 앞 장에서 묘사한 것처럼 큰 공이 고무판을 휘어지게 하는 것과 비슷하게 물질이 공간을 휘어지게 한다고 설명했다. 물체는 더 무거울수록 공간을 더 많이 휘어지게 한다. 공간이 더 많이 변형될수록 그것은 그 공간에 가까이 있는 물체의 경로에 더 많은 영향을 준다. 이런 원리에 따라 태양의 질량은 지구의 궤도를 결정하고, 같은 방식으로 거대한 규모의 은하들의 질량은 은하단에서 은하들이 서로를 어떻게 끌어당길지를 결정한다.

아인슈타인의 아름다운 이론은 공간의 물체들이 어떻게

상호작용하는지 설명해줄 뿐만 아니라 공간 전체가 어떻게 행동하는지에 대해서도 알려준다. 그의 이론은 공간이 끊임없이 변할 것이라고 예측했다. 우주 전체에 물질을 흩어놓은 모습을 상상해보자면, 그 물질은 공간에 보조개만 만드는 것이 아니라 공간을 수축시키는 일도 시작해야 한다. 모든 종류의 물체들이 다른 모든 물체를 안쪽으로 끌어당겨야 한다. 이 예측의 문제점은 아인슈타인 자신이 이 생각을 싫어했다는 것이다. 그는 우주는 변하지 않았고, 현재는 과거와 같으며, 앞으로도 영원히 같을 것이라고 확신했다. 당시에는 모든 것이 안정되어 있다는 생각이 우리가 하늘에서 보는 현실과 일치하는 것으로 보였다. 허블이 우리은하 밖의 우주를 드러내기 전까지 우주에 어떤 중대한 변화가 일어나고 있다는 증거는 어디에도 없었다.

아인슈타인은 변화하는 우주에 대한 문제를 자신이 우주 상수라고 이름 붙인 무언가를 더하여 자신의 이론을 수정하여 해결하였다. 그것은 빈 공간 자체에 담겨 있는 에너지였다. 이 에너지는 공간을 커지게 만들어, 공간이 수축하려는 경향과 반대로 정확히 균형을 맞추어 공간을 정교하게 변하지 않도록 유지시킨다. 이것은 투박한 교정이었고, 우주의 행동을 설명할 수 있는 유일한 방법은 분명 아니었다.

우주가 변할 수도 있다는 대안적인 아이디어를 진지하게 생각한 최초의 사람들 중 하나는 러시아의 물리학자 알렉산드르 프리드먼Alexander Friedmann이었다. 그는 제1차 세계대전 전에 상트페테르부르크대학에서 물리학을 공부했고, 러시아 공군에 입대하면서 학업이 중단되었다. 전쟁 후 프리드먼은 아인슈타인의 새로운 일반상대성이론을 세심하게 연구하였고, 1920년대 초에 우주가 모든 곳에서 모든 방향으로 똑같이 보인다는 가정하에 전체 우주가 어떻게 행동해야 하는지에 대한 단순한 설명이 있다는 사실을 알아냈다. 그는 아인슈타인의 방정식을 이용하여 우주는 실제로 수축하지 않고 팽창할 수 있으며, 그래서 분명히 변하고 있어야 한다는 생각을 떠올렸다.

프리드먼은 그의 결과를 1922년과 1924년에 독일의 물리학 잡지인 〈물리학 저널Zeitschrift für Physik〉에 발표했다. 아인슈타인은 1922년 논문에 서술된 팽창하는 우주에 대한 프리드먼의 설명을 불가능한 것이라고 무시하면서 크게 부정적인 반응을 보였다. 프리드먼은 자신의 결론에 이르게 된 계산 내용을 아인슈타인에게 편지로 써서 보냈지만, 아인슈타인은 전 세계를 다니느라 바빠서 몇 달 후에야 그 편지를 보게 되었다. 그 편지를 읽은 아인슈타인은 프리드먼의 결과가 옳고 팽창하는 우주가 이론적으로 가능하다는 사실을 알아차렸다. 하지만 그는 여전히 그 생각을 좋아하지 않았다. 그는 여전히 우주는 정지해 있다고 확신했다. 프리드먼이 옳았다는 사실이 곧 밝혀질 터였지만, 그는 1925년에 장티푸스로 젊은 나이에 비극적인 죽음을 맞이하는 바람에 자신이 우주에 대한 우리의 생각을 형성하는 데 얼마나 중요한 역할을 했는지 알지 못하게 되고 말 았다.

몇 년 후 벨기에의 물리학자 조르주 르메트르Georges Lemaître는 독립적으로 아인슈타인의 방정식을 이용하여 우 주의 행동에 대해서 비슷한 결론을 이끌어냈다. 르메트르 는 과학자였을 뿐만 아니라 불과 아홉 살 때 소명을 받아 성직자가 되기로 결심한 사람이기도 했다. 그에게는 이 둘 이 똑같이 중요했고, 제1차 세계대전에서 벨기에 육군으 로 복무한 후 신학 교육을 받는 동안 물리학과 수학을 함 께 공부했다. 1920년대 초에 그는 케임브리지에서 아서 에 딩턴에게, 하버드대학 천문대에서 할로 섀플리에게 공식적 인 교육을 받아 1927년 MIT에서 박사학위를 받았다. 벨기 에로 돌아오는 도중 르메트르는 아인슈타인의 이론을 이 용하여 우주는 팽창하거나 수축해야 한다는 사실을 알아 냈다. 그전의 프리드먼과 마찬가지로 그는 정지한 우주는 가능하지 않다고 결론 내렸다. 1927년, 그는 그 결과를 벨 기에의 그다지 유명하지 않은 과학 저널 〈브뤼셀 과학협회 연보Annales de la Société Scientifique de Bruxelles〉에 냈지만, 프랑 스어로 썼기 때문에 벨기에 밖에서는 읽은 사람이 거의 없 었다. 그는 자신의 결론을 같은 해 브뤼셀에서 열린 솔베이 컨퍼런스에서 아인슈타인에게 설명했지만, 아인슈타인이 그에게 '당신의 수학은 옳지만 물리학은 형편없다'라고 대 답했다는 유명한 일화가 있다. 아인슈타인은 변화하는 우주가 현실을 설명할 수 있다는 생각을 단호하게 거부했다.

이런 논쟁을 만든 생각과 이런 논쟁을 해결할 수 있는 관측이 무엇인지 이해하기 위해서는 한발 물러나서 우주 공간이 팽창하거나 수축한다는 것이 무슨 의미인지, 그리고 수축이나 팽창을 한다는 것을 어떻게 알 수 있는지 생각해 보아야 한다. 사실 우주 공간이 무엇인지 정의하는 것도 쉽지 않다. 예를 들면 그것이 물체들 사이의 틈이라고 생각할 수도 있다. 가까이는 지구와 태양 사이, 다음은 태양과 별들 사이, 그리고 별들 사이의 틈이 있다. 가장 큰 규모로는 우리 우주를 채우고 있는 은하들과 은하단들 사이의 틈이 있다. 하지만 우주 공간은 그저 틈이라고만 생각할 것이 아니라 우주에 있는 물체를 포함한 모든 것이라고 생각하는 것이 더 좋을 것이다.

우주 공간이 팽창하고 수축하는 것을 상상하기 위해, 완전하지는 않지만 우리에게 그런 공간이 어떻게 보일지 감을 잡게 해줄 수 있는 비유를 사용해보겠다. 1차원 우주에서 살고 있는 개미를 생각해보자. 긴 고무 밴드가 이 개미의 우주 전부다. 허리띠로 흔히 사용되는, 길게 늘어나는 고무 밴드를 생각하면 된다. 개미는 고무 밴드를 따라서 앞뒤로만 이동할 수 있다. 옆쪽이나 아래 · 위쪽으로는 이동할 수 없다. 이제 우리는 고무 밴드 양쪽을 잡고 부드럽게 당겨서 개미의 우주를 팽창시킨다. 우리가 당기면 고무 밴드는 길어지고, 고무 밴드의 모든 부분이 조금씩 늘어난다. 우리는 고무 밴드의 양쪽 끝을 당기지만 늘어나는 것은 고무 밴드의 어느 한 부분이 아니다. 고무 밴드의 모든 부분이 늘어난다.

이제 반대로 개미의 우주를 수축시킨다. 늘어난 고무 밴드의 장력을 부드럽게 줄이면 된다. 고무 밴드는 짧아지고 모든 곳에서 수축이 일어난다. 고무 밴드의 중간 부분에 고무 밴드를 안쪽으로 잡아당기는 무언가가 있는 것이 아니다. 당기는 일은 고무 밴드 전체에서 일어난다. 이것은 우주의 행동과 유사하다. 우주가 팽창할 때는 모든 곳이 팽창하고, 수축할 때는 모든 곳이 수축한다.

이 모형과 현실 사이에는 우리가 3차원에 살고 있다는 것 이외에도 분명한 차이가 있다. 현실에서는 고무 밴드의 끝을 잡고 있는 것과 대응하는 것이 없고, 고무 밴드가 끝이 있다는 것도 현실과는 전혀 관계가 없다. 우리는 우주에 끝이 있다고 생각하지 않는다. 1차원 고무 밴드 우주로 이런 상황을 만드는 데에는 두 가지 방법이 있다. 고무 밴드를 무한히 길게 늘이거나 양쪽 끝을 연결하여 고리로 만드는 것이다. 무한히 긴 선은 상상하기 어렵지만 우리는 사고 실험을 위해 개미가 서 있는 고무 밴드의 일부만 생각할 것이다. 밴드를 늘이면 팽창하는 모습을 볼 수 있다.

그렇다면 개미는 자신의 우주가 팽창하고 있다는 것을 어떻게 알 수 있을까? 우주 안에서 우주의 모습을 어떻게

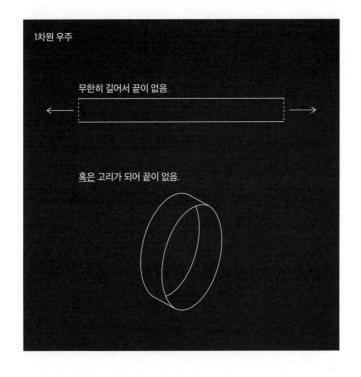

1차원 우주

무한히 길어서 끝이 없음.

혹은 고리가 되어 끝이 없음.

그림 4.1
끝이 없는 1차원 우주를 만드는 두 가지 방법

볼 수 있을까? 우선 고무 밴드 위에 있는, 알아볼 수 있고 측정할 수 있는 표시가 필요할 것이다. 고무 밴드를 따라서 동그란 스티커를 붙여놓았다고 생각하자. 이제 다시 고무 밴드의 양쪽 끝을 잡아당겨서 늘어나게 하자. 우리는 모든 스티커들이 서로 멀어지는 모습을 볼 수 있을 것이다. 1인치 간격으로 있던 스티커들이 2인치 간격이 되었다.

이것은 우리가 고무 밴드를 잡고 위에서 내려다볼 때 볼 수 있는 모습이다. 개미가 자신의 관측 지점에서 보는 모습은 무엇일까? 개미를 스티커 중 하나 위에 놓고 선을 따라 앞이나 뒤를 보게 한다고 하자. 개미에게서 가장 가까이 있는 스티커는 1인치 거리에서 2인치 거리로 움직인 것으로 보일 것이다. 그다음 스티커는 2인치 거리에서 4인치 거리로 움직인 것으로 보일 것이다. 개미가 있는 곳에서 모든 스티커까지의 거리는 두 배가 될 것이다. 개미는 고무 밴드의 앞쪽을 보든 뒤쪽을 보든 똑같은 모습을 보게 될 것이다.

개미에게는 더 멀리 있는 스티커가 가까이 있는 것보다 실제로 더 빠르게 멀어지는 것으로 보인다. 멀리 있는 것이 고무 밴드를 늘이는 같은 시간 동안 더 많은 거리를 움직이는 것처럼 보이는 것이다. 스티커가 멀리 있을수록 그것은 더 많이 빠르게 이동하는 것처럼 보인다. 어떤 스티커가 두 배 멀리 움직인 것으로 보인다면, 속도 면에서도 두 배 빠르게 움직인 것으로 보인다. 전체적으로는 더 멀리 있는 스티커가 더 빠르게 멀어진다는 정확한 규칙을 따르며 모든 스티커가 멀어지는 것처럼 보이게 된다.

이 규칙은 개미를 어떤 스티커에다 움직여 놓아도 그대로다. 개미에게는 어느 곳에서도 똑같이 보일 것이다. 개미는 자신이 모든 것의 중심에 있다고 생각할 것이다. 우주의 모든 스티커가 자신에게서 멀어지고 있기 때문이다. 사실 이것은 그저 개미의 관점일 뿐이다. 이것은 모든 것이 팽창하고 있는 우주의 어딘가에 살고 있는 존재에게는 자연스러운 결과다. 개미가 팽창하지 않는 우주에 살고 있다면 주위의 스티커가 움직이는 특정한 규칙이 보이지 않을 것이다. 전체적으로 스티커는 전혀 움직이지 않을 것이다.

고무 밴드를 이용한 이 사고 실험은 실제로 팽창하는 우주의 모습을 그려볼 수 있도록 도와준다. 고무 밴드에 붙은 스티커 사이의 공간처럼 천체들 사이의 공간도 점점 커진다. 물론 우리 우주는 1차원이 아니다. 개미가 2차원 우주에 살고 있다면 우리는 스티커로 뒤덮인 고무판을 생각하면 된다. 고무 밴드처럼 고무판이 늘어나는 것을 상상할 수 있다. 고무판은 모든 곳에서 늘어난다. 늘어나는 중심은 없고, 고무판이 늘어나면 모든 스티커는 서로에게서 멀어진다. 다시 그 스티커 중 하나에 사는 개미를 생각해보면 스티커들은 모든 방향으로 개미에게서 멀어지는 것으로 보인다. 고무 밴드의 경우와 마찬가지로 멀리 있는 스티커일수록 더 빠르게 멀어진다. 개미가 어떤 스티커에 있든 모두 똑같이 보일 것이다.

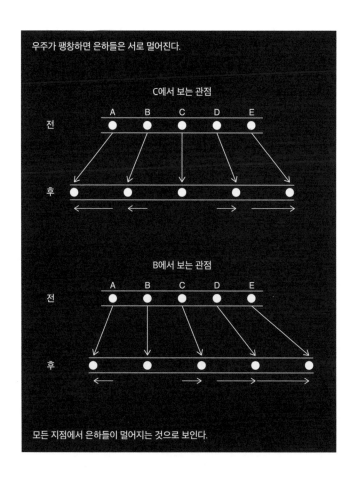

그림 4.2
팽창하는 1차원 우주가 다른 지점에서 보이는 모습

이제 3차원의 모든 방향으로 팽창하는 우주를 생각해보자. 물리적인 비유로 건포도가 박혀 있는 빵을 생각할 수 있다. 빵의 재료에 포함된 효모는 빵을 모든 방향으로 팽창시킨다. 빵은 특정한 한 점에서부터 팽창하는 것이 아니고, 밖에서 보면 모든 건포도가 서로에게서 멀어지는 것으로 보인다. 특정한 한 건포도에서 보면 빵이 팽창하면 주위의 모든 건포도들이 멀어지는 것으로 보이고 더 멀리 있는 건포도일수록 더 빠르게 멀어진다.

고무 밴드, 고무판, 빵의 비유는 팽창하는 우주가 어떻게 보이는지 상상하는 데 도움을 줄 수 있다. 하지만 가장자리에서는 모든 비유가 무너져버린다. 우주에는 가장자리가 없다. 가장자리를 없애는 방법에는 크게 두 가지가 있다. 하나는 고무 밴드나 빵을 계속 더해서 무한히 크게 만드는 것이고, 다른 하나는 고무 밴드를 고리로 만든 것처럼 3차원을 고리로 만드는 것이다. 이것은 시각화하기 어려운 개념이다. 이것이 무엇을 의미하는지는 뒤에서 다시 다루겠다.

우주에서 표시는 무엇일까? 스티커나 건포도와 가장 비슷한 것은 우주에 있는 은하들이다. 은하는 우주의 표지와 같다. 우리는 여기 우리은하에 앉아서 우리은하 밖에 있는 은하들의 움직임을 살펴볼 수 있다. 1927년에 쓴 논문에서 조르주 르메트르는 빵에 있는 건포도로 설명한 것과 같은 움직임을 찾으면 우리 우주가 팽창하고 있는지 알아낼 수 있을 것이라고 이야기했다. 모든 은하들은 우리에게서

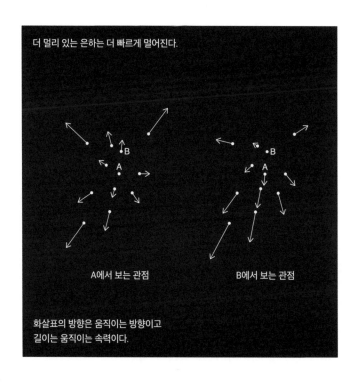

그림 4.3
팽창하는 2차원 우주가 다른 지점에서 보이는 모습

멀어지는 것으로 보이고 더 멀리 있는 은하일수록 더 빠르게 멀어져야 한다. 하지만 우주가 서서히 팽창한다 해도 우주에 있는 은하들 자체는 팽창하지 않을 텐데, 이는 은하를 잡고 있는 중력이 팽창하는 힘보다 강하기 때문이다.

르메트르는 이 팽창하는 우주 모형이 멀리 있는 은하들에 대한 새로운 관측 결과와 잘 맞는다는 것을 보여주었다. 어떻게 그렇게 했을까? 멀리 있는 은하들을 찾아서 이들이 모두 우리에게서 멀어지고 있는지 알아보는 일은 아주 간단해 보인다. 하지만 은하들의 움직임과 거리를 측정하는 것은 기술적으로 아주 어렵다. 거리부터 시작해보자. 당시에 가장 좋은 거리 측정 방법은 은하들의 밝기를 이용하는 것이었다. 에드윈 허블은 당시에 알려져 있고 이미 관측이 되어 있는 성운 400개의 자료를 모아서 1926년 〈은하 밖의 성운들Extragalactic Nebuae〉이라는 논문을 발표했다. 허블은 이 성운들이 모두 원래의 밝기가 같다고 가정했다. 그러므로 이들의 거리는 이들이 지구에서 얼마나 밝게 보이는지로 계산될 수 있는 것이다. 더 멀리 있는 성운은 더 어둡게 보일 것이다.

다음으로 은하가 우리에게서 얼마나 빠르게 멀어지는지 측정해야 한다. 어떤 시간에 은하의 거리를 측정한 다음 시간이 조금 지난 후에 그 거리를 다시 측정하는 방법을 사용할 수는 없다. 그 시간 동안 은하가 움직이는 거리는 너무 짧다. 그 대신 우리는 측정하기 더 쉬운 것을 사용할 수 있

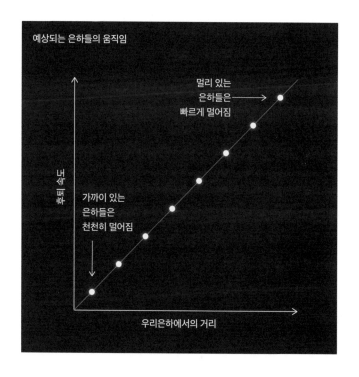

그림 4.4
팽창하는 우주에서는 더 멀리 있는 은하일수록 우리은하에서 더 빠르게 멀어지는 것으로 보인다.

다. 은하에서 나오는 빛의 색이다.

베라 루빈이 회전하는 은하에서 사용한 것처럼 우리에게서 멀어지는 물체에서 나온 빛은 더 '붉게', 혹은 파장이 더 길어진 것으로 보인다. 우리에게 다가오는 물체에서 나온 빛은 더 '푸르고', 짧은 파장으로 보인다. 이것은 은하 전체에도 똑같이 적용된다. 우리에게서 멀어지고 있는 은하는 더 붉게 보인다. 우주의 팽창 때문에 그냥 멀어지는 것처럼 보이기만 하는 은하도 마찬가지다. 은하에서 오는 빛의 색을 측정하고 나면 유일하게 어려운 것은 그 은하가 움직이지 않을 때의 원래 색을 알아내는 것이다. 이 두 파장을 모두 알아내면 은하가 움직이는 속도를 알 수 있다.

여기서 우리는 별이 무엇으로 이루어져 있는지 처음 발견해낸 천문학자들 이야기로 돌아간다. 알다시피 별은 대부분 수소와 헬륨으로 이루어져 있지만, 미량의 다른 원소들도 포함되어 있다. 여러 종류의 원소들은 특정한 파장의 빛을 흡수하고 방출한다. 2장에서 보았듯이 별의 스펙트럼을 관측하면 별의 대기가 빛의 특정한 파장을 흡수한 지점에서 검은 선을 볼 수 있다. 별들로 가득한 은하에서도 마찬가지다. 은하의 스펙트럼을 관측하면 역시 특정한 파장에서 검은 흡수선과 밝은 방출선을 볼 수 있다. 은하가 우리에게서 더 빠르게 멀어질수록 이 선들은 스펙트럼의 붉은색 쪽으로 더 많이 이동한다.

이렇게 빛의 파장이 이동하는 것을 '적색이동'이라고 한

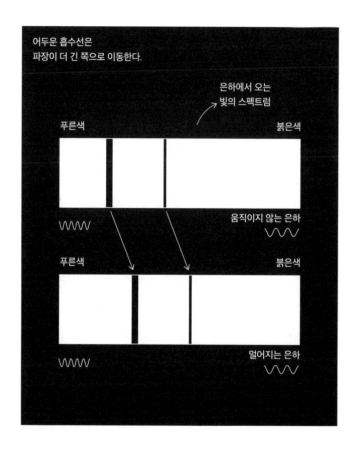

그림 4.5

은하가 멀어지면 은하의 빛은 파장이 더 길어져서 도착하고, 이것을 적색이 동이라고 한다.

다. 별이 무엇으로 이루어져 있는지, 심지어는 우리은하 밖에 다른 은하가 있는지 알기도 전에 스펙트럼에서는 이런 이동을 측정할 수 있었다. 애리조나 플래그스태프Flagstaff 로웰 천문대의 천문학자 베스토 슬라이퍼는 일군의 은하들의 스펙트럼을 열심히 관측했고, 1912년에는 스펙트럼의 이동을 처음으로 관측하기도 했다. 그 스펙트럼은 당시에는 우리은하 밖에 있는지 알지 못했던 이웃의 안드로메다은하에서 나타나는 것이었다. 슬라이퍼는 후에 클라이드 톰보가 명왕성을 발견하는 데 도움을 주기도 했다.

슬라이퍼는 우리 주위의 모든 방향에 있는 14개의 성운들을 관측했다. 그는 안드로메다은하의 스펙트럼이 푸른색 쪽으로 이동한 것을 발견했다. 그것이 우리를 향해 다가오고 있다는 의미였다. 그는 안드로메다은하의 속도를 초속 300킬로미터로 측정했는데, 이것은 우리은하에 있는 어떤 천체보다도 빠른 속도였다. 그는 거의 모든 다른 성운들의 스펙트럼이 붉은색 쪽으로 이동한 것을 발견했다. 대다수의 성운들이 우리에게서 멀어지고 있는 것으로 보였다. 1915년 당시에는 이 성운들이 우리은하 밖에 있는 것인지 알지 못했다. 이들의 빠른 속도는 그럴 수도 있다는 단서를 주긴 했다. 허블이 이 성운들이 정말로 우리은하 밖에 있는 나선 은하들이라는 사실을 확실하게 보여준 것은 10년 후인 1925년이었다.

조르주 르메트르는 슬라이퍼가 한 발견의 중요성을 알

아보았다. 은하들이 우리의 가상의 빵 속의 건포도와 같은 방식으로 움직인다면 우리의 고정된 지점에서 더 멀리 있는 은하일수록 우리에게서 더 빠르게 멀어지는 것처럼 보여서 빛이 더 붉어질 것이다. 실제로 더 멀리 있는 은하들이 가까이 있는 은하들보다 스펙트럼의 선들이 더 긴 파장으로 이동했다면 우리는 우주가 팽창한다는 증거를 발견한 것이다.

르메트르는 더 멀리 있는 은하들이 더 빠르게 움직인다는 규칙을 발견하였다. 우리 주위의 은하들은 실제로 팽창하는 우주에서 예상할 수 있는 것처럼 전체적으로 우리에게서 멀어지는 것으로 보였다. 우리를 향해 움직이는 안드로메다은하는 우리 국부은하군 안에서의 중력으로 설명될 수 있었다. 르메트르는 슬라이퍼의 적색이동 관측과 허블의 거리를 이용하여 우주의 팽창 속도를 계산하여 600km/sec/Mpc이라는 값을 얻었다. 이 값의 의미는 1메가파섹만큼 떨어져 있는 두 은하가 있다면 우주의 팽창이 두 은하를 초속 600킬로미터의 속도로 멀어지게 만든다는 것이다. 1메가파섹은 3백만 광년이 조금 넘는 거리다. 이보다 두 배 더 멀리 떨어진 은하는 두 배의 속도로 멀어진다.

르메트르는 1927년에 우주가 팽창하고 있는 것으로 보인다는 결과를 발표했다. 하지만 벨기에 저널에 실린 그의 성과를 알아차린 사람은 거의 없었다. 그 시기에 에드윈 허블은 캘리포니아 윌슨산 천문대에서 뛰어난 조력자인 밀턴 휴메이슨Milton Humason과 함께 슬라이퍼의 은하들의 거리를 더 정확하게 구하는 프로그램을 시작했다. 허블과 휴메이슨은 세페이드 변광성을 관측하고 그 맥동 주기와 원래 밝기 사이의 상관관계인 레빗의 법칙을 이용하여 모든 은하들의 원래 밝기가 같다는 가정에 더 이상 의존하지 않고 슬라이퍼의 은하 24개의 거리를 측정하였다. 거리를 정확하게 측정하는 것은 여전히 어려웠지만 그 경향성은 너무나 분명했다. 대부분의 은하들이 정말로 멀어지는 것으로 보였고, 더 멀리 있는 은하들은 더 빠르게 멀어졌다.

허블은 자신의 발견을 1929년 〈은하 외부 성운들의 거리와 시선 속도 사이의 관계A Relation between Distance and Radial Velocity among Extra-Galactic Nebulae〉라는 제목의 논문으로 발표했다. 그는 은하들이 500km/sec/Mpc의 속도로 멀어지고 있다고 결론 내렸다. 이것은 현재의 정확한 값보다 약 7배 더 빠른 값이었지만 경향성은 옳았다. 이것은 이후에 '허블의 법칙'으로 알려지게 되었다. 르메트르 역시 같은 경향성을 발견했지만 그는 절대 '르메트르의 법칙'이라는 이름을 얻지는 못할 것이다. 허블은 더 좋은 자료를 가지고 있었고, 결정적으로 자신의 결과를 학계에 널리 알리는 데 성공했다. 아서 에딩턴의 도움으로 르메트르는 1931년에 드디어 월간 왕립학회지에 자신의 1927년 논문을 번역하여 발표했지만, 우주의 팽창 속도를 계산한 부분은 포함시키지 않았다. 아마도 이미 철 지난 결과라고 생각했기 때문인 듯

하다. 그는 너무 앞서갔다(2018년 10월 국제천문연맹은 투표를 통해 '허블의 법칙'을 '허블-르메트르의 법칙'으로 바꾸어 부르기로 결정했다 – 옮긴이).

허블 자신은 이 관측된 은하들의 움직임의 의미에 대해서 확신하지 못했다. 하지만 그의 작업은 금방 큰 충격을 주었다. 1930년 아서 에딩턴은 허블이 낸 결과의 중요성을 아인슈타인에게 설득하였고, 아인슈타인은 이듬해 캘리포니아로 가서 허블을 방문했다. 그 결과는 너무나 명확하여 아인슈타인은 우주의 움직임에 대한 그의 생각을 완전히 바꾸었다. 1931년의 강연에서 그는 '멀리 있는 성운들의 적색이동은 나의 과거 세계를 망치로 부수어버렸다'고 말했다. 아인슈타인에게 우리를 둘러싸고 있는 넓은 우주가 팽창한다는 사실이 드디어 명확해졌다. 그는 우주를 정지시키기 위해 도입했던 우주상수 역시 자신의 '최대의 실수'라고 선언했다. 그는 자신의 방정식에서 이것을 제거했고, 우주가 정말로 변하는 곳이라는 생각을 받아들였다.

이 발견은 우리가 중심도 끝도 없는 팽창하는 우주에 살고 있다는 사실을 알려주었다. 상대적으로 느린 팽창을 중력이 이겨버린 은하나 은하단 내부를 제외하면 우주는 모든 곳이 팽창하며 모든 것이 서로 멀어지고 있다. 만일 시간을 거꾸로 돌린다면 우주는 수축하고 모든 은하들은 서로를 향해 움직일 것이다. 시간을 충분히 과거로 돌리면 모든 것이 같은 공간에 있게 된다. 여기서는 우리의 비유가 작동하지 않는다. 지구상의 일반적인 조건에서 고무 밴드는 수축하는 데에는 한계가 있기 때문이다. 우주에서는 물체들 사이의 간격이 거의 무한히 줄어들 수 있다.

모든 은하들이 한곳으로 모인다는 것은 무슨 의미일까? 그것은 우리가 빅뱅이라고 부르는 순간과 일치한다. 우주의 팽창이 시작되는 순간, 0시간 혹은 0에 극히 가까운 시간이다. 여기에 대한 내용은 다음 장에서 더 다룰 것이다. 지금 알아야 할 것은 그 최초의 순간에는 아직 은하가 하나도 없었다는 사실이다. 그때 있었던 것은 극도로 높은 밀도로 모여 있는 기본입자들이다. 원자의 구성 요소인 양성자와 중성자, 암흑물질 입자, 작은 중성미자 입자, 그리고 빛이다.

시간을 완전히 0으로 돌리면 우주는 무한한 밀도가 되고 우리의 물리법칙들은 무너진다. 그래서 우리는 보통 우주의 모습을 팽창을 시작한 직후에서부터 추적하고 이 시점을 흔히 빅뱅이라고 부른다. 이 순간에는 우주는 엄청나게 압축되어 있지만 동시에 모든 방향으로 무한히 뻗어 있다. 여기가 무한함에 대해 혼란이 생기는 지점이다. 무한히 긴 어떤 것을 압축시키면 그 구성 성분들은 서로 가까워지지만 여전히 무한히 길다.

이제 무한한 밀도를 가진 시점에서 시작하여 시간을 앞으로 돌려보자. 우주의 팽창이 시작되고 우주에 있는 모든 것이 서로 멀어지기 시작한다. 이것이 빅뱅이다. 하지만 실제로는 폭발보다는 강력한 팽창의 시작과 더 비슷하다. 빅뱅은 텅 빈 공간의 한가운데에서 일어나는 거대한 폭발처럼 그려지기 쉽다. 우리도 어떤 중심 지점에서 물체들이 갑자기 공간 속으로 날아가는 모습을 떠올릴 것이다. 이것은 틀린 것이다. 중심 지점은 없고, 공간으로 날아가는 것도 없다. 팽창하는 것은 공간 그 자체다. 공간이 갑작스러운 폭발로 팽창을 시작하는 것처럼 보이는 것은 사실이다. 하지만 공간을 폭탄보다는 스프링과 같은 것으로 상상하는 편이 더 정확하다. 스프링을 놓으면 갑자기 커지기 시작한다.

우주 팽창의 시작인 빅뱅이 우리가 살고 있는 팽창하는 우주에서는 피할 수 없는 결론이라는 아이디어를 처음 제시한 사람은 르메트르였다. 1927년에 프랑스어로 썼다가 1931년에 영어로 번역한 바로 그 논문에서였다. 르메트르는 팽창이 시작되기 전에 존재했던 것을 '원시 원자' 혹은 '우주의 달걀'이라고 불렀다. 그의 아이디어는 1929년 허블이 은하들의 팽창하는 경향을 발견하자 바로 힘을 얻었다. '빅뱅'이라는 이름은 1940년대에 이 아이디어의 반대자에 의해 붙여졌다. 케임브리지대학의 천문학자 프레드 호일Fred Hoyle이 이 아이디어를 비웃기 위해서 만들어낸 이름이었다. 호일은 헤르만 본디Hermann Bondi, 토머스 골드Thomas Gold와 함께 허블의 관측 결과를 설명하는 다른 이론을 만들어냈다. 정상 상태 우주론이라고 알려진 것으로,

우주에서는 새로운 물질이 계속해서 만들어지기 때문에 우주는 시작 없이 계속 커지고 있다는 아이디어였다. 이후 오랫동안 두 아이디어가 경쟁했다.

빅뱅을 옹호하는 사람들은 우주가 얼마나 빠르게 팽창하고 있는지 알면 팽창이 언제 시작했는지 알아낼 수 있다는 사실을 깨달았다. 크게 보면 이 계산은 학교에서 배우는 전형적인 수학 문제다. 어떤 사람이 시속 60마일로 달리고 있고 집에서 60마일 거리에 있다면, 그가 계속 일정한 속도로 달렸다고 가정했을 때 그는 한 시간 전에 출발한 것이 분명하다. 달리는 속도가 더 느리다면 출발하고부터 더 긴 시간이 지났을 것이다. 우주의 팽창에도 같은 방법을 적용할 수 있다. 우주가 더 느리게 팽창할수록 팽창이 시작된 후부터 더 많은 시간이 지나간 것이다. 우주의 팽창 속도는 은하들이 서로 멀어지는 속도로 측정할 수 있다.

예를 들어 우리은하에서 1천만 광년 거리에 있는 은하가 1년에 300억 마일(480억 킬로미터)씩 멀어지고 있다면 이 은하는 우리은하에서 20억 년 전에 '출발'했다고 계산할 수 있다. 속도가 일정하다면 어딘가까지 가는 데 걸리는 시간은 움직인 거리를 속도로 나눈 값이다. 은하까지의 거리 1천만 광년은 약 300억 곱하기 20억 마일이다. 그러니까 1년에 300억 마일의 속도로 300억 곱하기 20억 마일을 가는 데 걸리는 시간은 20억 년이 된다. 균일하게 팽창하는 우주에서는 더 멀리 있는 은하에서도 같은 시간이 계산된

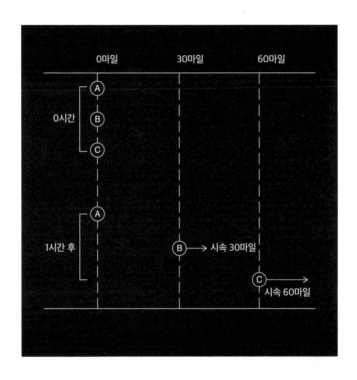

그림 4.6

시속 30마일 속도로 달리는 자동차가 30마일 거리에 있고 시속 60마일로 달리는 자동차가 60마일 거리에 있다면 두 자동차는 모두 한 시간 전에 출발한 것이 틀림없다. 우주의 나이를 알기 위해서는 자동차 대신 은하를 이용하여 같은 방식으로 계산하면 된다.

다. 우리은하에서 두 배 멀리 있는 은하는 두 배 빠른 속도로 멀어질 것이다. 마찬가지로 10배 멀리 있는 은하는 10배 빠른 속도로 멀어질 것이다. 우리는 이 모든 은하들이 출발한 시간으로 똑같은 답을 얻을 것이다. 모두 20억 년이다.

그런데 이 값이 왜 중요할까? 이것은 우주가 팽창을 시작한 후 지나간 시간이 된다. 우리는 우리 우주가 빅뱅으로 시작되었다고 생각하기 때문에 이것은 다름 아닌 우주의 나이가 되는 것이다. 그러면 우리 우주의 나이는 20억 년일까? 아니다. 실제 우주의 나이는 이보다 몇 배나 더 긴 138억 년이다. 하지만 20억 년이라는 값은 실제로 1929년 에드윈 허블과 밀턴 휴메이슨이 구한 값이다. 그들의 관측 결과는 우주가 일정한 속도로 팽창했다고 가정한다면 우주의 팽창이 20억 년 전에 시작되었다는 것을 의미했다. 이것은 당시에도 문제였다. 지질학자들이 암석의 방사성연대측정으로 우주의 나이를 측정할 수 있었기 때문이다. 1930년대 초반 영국의 지질학자 아서 홈스Arthur Holmes는 지구에 있는 일부 암석의 나이가 30억 년이 넘는다는 사실을 보였다. 지구의 나이가 어떻게 우주의 나이보다 많을 수가 있겠는가? 뭔가가 부족했다.

5장에서 살펴볼 것이지만 우주는 일생 동안 일정한 속도로 팽창하지 않기 때문에 이 계산에는 보정이 필요하다. 하지만 그 문제만 있었던 건 아니다. 나중에 허블이 은하들의 거리를 너무 가깝게 측정했다는 것이 명백해졌다. 이것은 지금은 허블 상수로 알려진 값인 우주의 팽창 속도를 너무 크게 측정했다는 의미고, 결과적으로 우주의 나이는 너무 작게 계산되었다. 1929년 이후 천문학자들은 우리 주위의 더 많은 은하들의 거리와 속도를 더 정확하게 측정하려는 시도를 계속했다. 제2차 세계대전 동안의 소등으로 LA에 빛 공해가 없었던 덕분에 발터 바데는 윌슨산의 100인치 (2.5미터) 후커 망원경을 이용하여 안드로메다은하의 별들을 구별하여 연구하였다. 1952년 그는 세페이드 별이 두 종류라는 사실을 발표하였다. 그 결과 팽창 속도는 반으로 줄었고, 우주의 나이는 두 배가 되었다.

이 일은 지금까지 계속되고 있고 화려한 역사를 지니고 있다. 허블 상수에 대해서는 20세기 후반 반세기 동안 앨런 샌디지Allan Sandage와 제라르 드 보쿨뢰르Gérard de Vaucouleurs라는 두 뛰어난 라이벌 천문학자가 대립했다. 샌디지는 카네기 천문대의 천문학자로, 허블이 윌슨산과 1949년에 문을 연 남캘리포니아 팔로마산의 200인치(5미터) 헤일 망원경으로 일을 할 때 대학원생으로 허블을 돕기도 했다. 그는 1953년 허블이 사망한 이후 허블의 프로그램을 이어받아 헤일 망원경으로 맥동하는 세페이드 별을 관측했다. 그는 바데가 했던 것보다 훨씬 더 먼 거리의 별들을 관측하여 1970년대가 되었을 때는 우주의 팽창 속도가 허블이 처음 구한 값보다 10배나 더 느린 50km/sec/Mpc 정도라고 확신했다. 이렇게 느린 속도라면 우주가 일정한 속도로 팽창했다고 가정했을 때 우주의 나이는 200억 년이나 된다.

오스틴 텍사스대학에 있던 프랑스의 천문학자 제라르 드 보쿨뢰르는 샌디지가 측정한 은하의 거리가 잘못되었다고 주장하며 이 결과에 반대했다. 그는 우주의 팽창 속도가 그보다 두 배는 빨라서 우주의 나이는 약 100억 년밖에 되지 않는다고 주장했다. 1970년대와 80년대 내내 이 둘은 학회와 컨퍼런스에서 강하게 충돌하였고 이것은 '허블 전쟁'으로 알려졌다.

이 치열한 논쟁을 해결하기 위해 웬디 프리드먼Wendy Freedman과 그의 팀이 나섰다. 프리드먼은 캐나다 출신의 미국인 천문학자로 카네기 천문대의 연구원이었고, 1987년에 그곳의 정규직 연구원이 되었으며 나중에는 천문대장이 되었다. 프리드먼은 당시 애리조나 스튜어드 천문대에서 일하고 있던 천문학자 로버트 케니커트Robert Kennicutt와 캘리포니아 공대의 제러미 몰드Jeremy Mould와 함께 허블 우주망원경 키 프로젝트Hubble Spacd Telescope Key Project를 진행했다. 그들은 훌륭한 망원경으로 지구에서 20메가파섹 거리에 이르는 은하들에 있는 800개의 세페이드 별을 더 정확하게 관측하였고, Ia형 초신성을 이용하여 400메가파섹에 이르는 더 멀리 있는 은하까지 범위를 확장하였다. 이것은 10억 광년이 넘는 거리로, 우리가 속한 초은하단을 훨씬 벗어난다. 이렇게 멀리 있는 은하에서 오는 빛은 지구를 향해 여행을 시작했을 때보다 파장이 10퍼센트 길어져서 도착한다.

　2001년 키 프로젝트 팀은 자신들의 결과를 발표하여 팽창하는 우주에 대한 예측을 확인하면서, 우리은하에서 더 멀리 있는 은하가 더 빠르게 멀어진다는 사실을 훨씬 더 정밀하게 증명하였다. 그리고 그들은 허블 상수가 70km/sec/Mpc이 조금 넘는다고 결론 내렸다. 이 새로운 값의 오차는 10퍼센트밖에 되지 않았고, 샌디지와 드 보쿨뢰르가 수 년 동안 싸워오던 두 숫자의 거의 중간값이었다. 우주의 팽창 속도가 우주의 일생 동안 그렇게 일정하지 않았다는 사실을 고려하여 천문학자들은 이 새로운 결과로 우주의 나이를 약 140억 년으로 결정할 수 있었다. 프리드먼, 케니커트, 몰드는 이 성공으로 2009년 우주론 부문 그루버 상Gruber Prize을 받았다. 다른 관측으로 빅뱅 이후의 시간은 지금까지 계속 정확해지고 있다. 이 내용은 5장에서 다룰 것이다.

　20세기의 상당 기간 동안 과학자들은 빅뱅이 언제 일어났느냐가 아니라 빅뱅이 일어나긴 했느냐를 가지고 논쟁했다. 의견은 크게 갈라졌다. 허블이 관측 결과를 발표한 지 몇 년밖에 지나지 않은 1930년대 중반에는 이미 많은 사람들이 설득되었지만 케임브리지대학의 프레드 호일을 비롯한 사람들은 결과를 더 그럴듯하게 설명하는 정상 상태 우주론을 만들어냈다. 이 부분에서의 발전은 1940년대에 러시아-우크라이나 출신의 물리학자 조지 가모프George

Gamow와 존스홉킨스대학의 첨단 물리 실험실에서 함께 일하던 랠프 앨퍼Ralph Alpher와 로버트 허먼Robert Herman에 의해 이루어졌다. 가모프는 앨퍼의 박사 지도교수였고 나중에는 베라 루빈의 지도교수가 되기도 했다. 그들은 빅뱅이 실제로 일어났다면 그 최초의 순간에 만들어진 빛이 아직 남아 있어야 한다는 사실을 알아냈다. 우리는 이 빛을 지금도 볼 수 있어야 한다. 그리고 앨퍼와 허먼은 1948년 이 빛이 절대 0도보다 약간 더 높은 아주 차가운 온도일 것으로 계산했다. 절대 0도는 존재할 수 있는 가장 낮은 온도로 섭씨 −273도이다.

빅뱅에서 남은 빛이 왜 지금까지 주위에 있어야 할까? 우리가 시간을 계속 뒤로 돌린다면 우주의 모든 은하들이 점점 가까워지다가 결국에는 은하가 전혀 없는 시기에 이르는 것을 볼 수 있을 것이다. 우주의 가장 초기에는 빅뱅 직후에 만들어진, 높은 밀도로 압축된 기본입자들과 초기의 빛밖에 없었을 것이라고 생각된다. 별조차도 만들어지기 전이다. 이 입자들이 어떻게 별과 은하로 바뀌게 되는지는 다음 장에서 살펴볼 것이다. 가모프, 앨퍼, 허먼은 우주의 나이가 약 40만 년일 때 이 빛들이 갑자기 우주 전체로 뻗어나가기 시작한 특정한 시기가 있었을 것이라고 예상했다.

왜 그때였을까? 우주는 아주 뜨겁고 밀도가 높으며 입자들이 단단하게 뭉쳐진 상태로 시작되었을 것이다. 우주가 커지면서 그 안에 있는 물질들이 퍼져 나갈 공간이 생겼고 주변의 온도는 점점 낮아졌을 것이다. 약 40만 년 후, 우주에 있는 모든 물질의 온도는 수조 도에서 수천 도 성도로 낮아졌다. 그 전에는 높은 온도 때문에 원자들은 더 기본적인 상태인 원자핵과 전자로 쪼개져 있었다. 전자들이 무수히 많이 있었고 빛은 전자와 부딪힐 때마다 방향을 바꾸었다. 그래서 초기 우주는 이리저리 방향을 바꾸는 빛으로 가득 차 있었다. 원자핵이 전자를 잡아서 완전한 원자가 될 수 있을 정도로 우주의 온도가 낮아지자 상황은 빠르게 변했다. 중성 원자는 빛의 방향을 바꾸지 않기 때문에 갑자기 이 모든 빛이 직선으로 움직일 수 있게 되었다.

이것은 전구들을 공간에 흩어놓고 동시에 켜는 모습을 상상하면 된다. 모든 전구에서 빛이 나와 모든 방향으로 퍼져 나간다. 실제 우주에서 이 빛은 우주에 퍼져 있던 초기의 빛이 갑자기 직선으로 자유롭게 움직이게 된 것이다.

공간의 어떤 특정한 지점에서 빛이 출발했다면 그 빛은 그 지점에서 가장 가까운 지점들을 통과하여 계속 나아갈 것이다. 빛은 공간으로 무한히 나아갈 수 있기 때문에, 빅뱅 후 수십만 년밖에 지나지 않았을 때 출발했다 하더라도 약 140억 년이 지난 지금까지도 어떤 물체에 부딪히지만 않았다면 계속 나아가고 있다. 우주의 대부분은 텅 비어 있다는 것을 기억하라. 바로 지금도 지구에 있는 우리는 우리에게 도착하기에 적당한 거리에서 출발한 바로 그 고대의 빛을 받고 있다. 그 거리는 우주의 나이가 수십만 살이었을

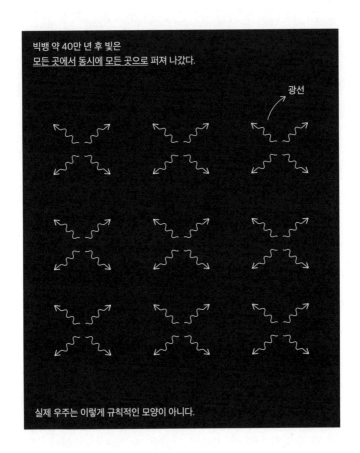

그림 4.7

초기의 빛이 우주 공간으로 빠져나가는 모습을 표현한 그림. 수많은 전구들이 켜지는 모습과 비슷하다.

때부터 약 140억 년 동안 빛이 이동한 거리다. 이 빛은 어느 방향에서 올까? 지구를 중심으로 우주 공간에 그린 구형의 표면에서부터, 모든 방향에서 온다.

그 지점에서 오는 빛은 결코 지구에는 도착하지 않을 다른 방향으로도 출발했다. 그보다 더 먼 곳에서 온 빛은 아직 우리에게 도착하지 않았지만 앞으로 도착할 것이다. 지구에서 더 가까운 곳에서 출발한 빛은 벌써 우리에게 부딪혔다. 우주에서 지구의 위치는 특별할 것이 전혀 없다. 다른 은하의 어떤 행성에 있는 관측자도 우주의 다른 지점에서 출발한 그 빛을 받을 것이다.

그 빛은 우주의 온도가 수천 도일 때 여행을 시작했는데, 그때는 파장이 더 짧아서 약 1000분의 1밀리미터였고, 가시광선에 이를 정도였다. 우주가 팽창하면서 우주는 식었고 빛도 마찬가지였다. 우주가 팽창하면서 빛의 파장은 길어졌고 지금은 마이크로파 복사의 범위에 해당하는 수 밀리미터 정도가 되었다.

이것은 1948년에 예측되었던 바로 그 초기의 빛이다. 뜨거운 빅뱅으로 우주가 시작된 결과로 우리는 은하들이 우리에게서 멀어지고 있는 것만 볼 수 있는 것이 아니라 모든 방향에서 차가운 마이크로파 빛이 우리에게 쏟아지고 있는 것도 볼 수 있어야 한다. 정상상태 우주에서 은하는 같은 방식으로 볼 수 있지만 이렇게 빛이 쏟아지는 것은 예측할 수 없다. 이것은 두 인기 있는 시나리오를 확실하게 구별할

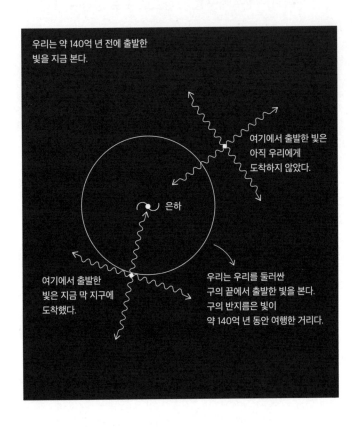

우리는 약 140억 년 전에 출발한 빛을 지금 본다.

여기에서 출발한 빛은 아직 우리에게 도착하지 않았다.

은하

여기에서 출발한 빛은 지금 막 지구에 도착했다.

우리는 우리를 둘러싼 구의 끝에서 출발한 빛을 본다. 구의 반지름은 빛이 약 140억 년 동안 여행한 거리다.

그림 4.8
우리 주위를 둘러싸고 있는 구의 표면에서 약 140억 년 전에 출발한 초기의 빛을 받고 있는 모습을 그린 그림

수 있는 방법이었다. 하지만 암흑물질에 대한 초기의 연구와 마찬가지로 앨퍼와 허먼의 이 훌륭한 연구는 10년 넘게 주목을 받지 못했다. 전파와 마이크로파 망원경 기술이 아직 이 빛을 관측할 수 있을 정도로 충분히 발전하지 못했기 때문이다.

1960년대 초 러시아의 물리학자 야코프 젤도비치가 가모프, 앨퍼, 허먼의 고대의 빛에 대한 연구를 다시 하기 시작했고, 그의 동료인 안드레이 도로스케비치Andrei Doroshkevich와 이고르 노비코프Igor Novikov는 그 빛이 관측 가능한 현상이라고 주장하는 논문을 썼다. 미국에서는 프린스턴대학의 물리학자 로버트 디키Robert Dicke가 독립적으로 이 빛의 존재에 대한 아이디어를 떠올렸고, 1964년 당시 박사 후 연구원이었던 짐 피블스에게 이 이론을 자세히 연구해보기를 권했다. 피블스는 가모프, 앨퍼, 허먼의 예측과 비슷한 결과를 얻었지만 이들의 이전 연구에 대해서는 나중에야 알게 되었다. 1960년대에는 기술도 이론을 따라잡았다. 디키는 새로운 전파측정기를 발명했다. 전파나 마이크로파 빛의 세기를 측정하는 기기로, MIT 방사선 연구실에서 이루어진 무기 연구의 일환이었다. 그는 이것을 하늘에서 오는 실제 신호와 인공적인 비교 신호를 서로 바꿔가면서 약한 신호를 찾을 수 있도록 설계했다. 기기 내부에서 오는 기기 잡음은 두 경우에 모두 같으므로 두 신호 사이의 차이는 하늘에서 오는 신호가 된다. 디키는 빅뱅의 존재를 증명할 고대의 빛을 찾기를 기대하며 프린스턴대학의 박사 후 연구원이었던 데이비드 윌킨슨David Wilkinson과 피터 롤Peter Roll에게 자신의 전파측정기를 이용하여 검출기를 만들 것을 제안했다.

바로 같은 시기에 프린스턴대학에서 멀지 않은 뉴저지 홈델의 벨 연구소에서는 아노 펜지어스Arno Penzias와 로버트 윌슨Robert Wilson이 근무하고 있었다. 그들은 큰 혼 안테나를 전파망원경으로 이용하여 우리은하를 관측하고 있었다. 이것은 뿔 모양 알루미늄으로 만들어져서 큰 트럼펫처럼 생긴 안테나였다. 한 변이 6미터인 사각형 모양의 입구에서 전파를 받아 측정한다. 그들이 그 안테나를 향하는 곳마다 어디에서 오는지 모르는 약한 신호가 잡혔다. 그들은 그 신호를 제거하기 위해 생각할 수 있는 모든 일을 다 했다. 안테나에 쌓인―그 유명한―비둘기 똥도 치웠다. 그들은 심지어 비둘기를 쏘아버리기까지 했지만 그 모든 노력에도 신호는 사라지지 않았다.

펜지어스는 전파 천문학자인 버니 버크Bernie Burke에게 우연히 그 이야기를 했다. 그런데 버크는 짐 피블스의 강연에서 배경복사와 그것을 찾기 위한 프린스턴대학에서의 일에 관한 이야기를 들은 적이 있었다. 그들은 이것이 자신들이 발견한 신호를 설명해줄 수 있을 것이라고 생각하여 프린스턴 그룹의 리더인 디키에게 전화를 했다. 그들의 관측에 대해 이야기를 들은 뒤 디키는 그 소식을 젊은 동료인 피블스, 윌킨슨, 롤에게 다음과 같은 유명한 말로 전했다. "친구들, 우리가 한발 늦었네.Well, boys, we've been scooped." 두 그룹은 1965년 두 개의 논문을 함께 발표했다. 펜지어스와 윌슨은 이 빅뱅 복사의 발견에 대해 설명했고, 디키, 피블스, 윌킨슨, 롤은 그것을 이론적으로 자세히 설명했다. 얼마 후 디키의 그룹도 그 고대의 빛을 프린스턴대학 지질학과 건물 옥상에서 관측했다. 이 빛은 우주배경복사CMBR, Cosmic Microwave Background Radiation로 알려졌다. 이 발견으로 펜지어스와 윌슨은 1978년 노벨 물리학상을 수상했다.

이 고대 빛의 발견은 거의 모든 사람들의 마음에서 정상 상태 우주론을 지워버렸다. 1960년대 후반이 되었을 때는 우리 우주가 빅뱅으로 시작되었다는 관점이 지배적이 되었다. 프레드 호일을 포함한 일부는 여전히 여기에 반대했지만 그것은 소수였다. 이 고대 빛의 존재를 가장 명쾌하게 설명하는 것은 우리 우주가 엄청나게 뜨겁고, 밀집되고, 거의 상상할 수 없을 정도로 단단하게 모여 있는 상태에서 시작했다는 사실이었다.

빅뱅이라는 아이디어를 접하면 '시간을 0으로 되돌리면 무슨 일이 생길까'라는 질문을 피할 수 없게 된다. 우주는 정말로 무한히 압축되어 있었을까? 빅뱅 이전에는 무슨 일이 일어났을까? 우주는 도대체 왜 팽창하기 시작했을까? 이것은 우리 우주에 대한 가장 근원적인 질문들이고 우리

는 아직 그에 대한 해답을 가지고 있지 않다. 시작의 순간
으로 돌아가려고 하면 물리학에 대한 우리의 이해는 무너
지고 만다. 우리는 1초보다 훨씬 짧은 순간까지 가까이 갈
수는 있지만 적어도 아직은 절대 0에 닿을 수는 없다.

아인슈타인은 우주에 존재하는 물질이 우주를 팽창시키
기보다는 팽창 속도를 늦추는 경향이 있다는 사실을 알아
차렸다. 그러므로 우주가 왜 팽창하기 시작했는지 설명할
새로운 이유가 필요하다. 현재 가장 인기 있는 아이디어는
1980년 미국의 물리학자 앨런 구스Alan Guth가 제안한 우주
의 인플레이션이라는 아이디어다. 그의 아이디어는 우리를
우주의 일생이 처음 시작된 지 수조의 수조분의 1초의 순
간으로 데려간다. 그때로 돌아가면 원자나 빛과 같이 우주
를 이루고 있는 익숙한 것은 아무것도 찾을 수 없다. 그 대
신 우주 인플레이션 모형은 구스가 '인플레이션 장'이라고
이름 붙인 공간에 퍼져 있는 이상한 무언가를 찾게 될 것이
라고 이야기해준다. 여기서 '장場, field'은 공간에 퍼져 있는
에너지를 말한다.

구스의 아이디어에 따르면 이 장은 마치 압축된 용수철
처럼 에너지가 축적된 상태로 시작되었다. 인플레이션 장
으로 채워진 공간은 풀려난 용수철이 튀어 오르는 것처럼
변해갔을 것이다. 그것은 어마어마하게 빠르게 모든 방향
으로 팽창했다. 원자 크기의 거리만큼 떨어져 있던 두 점이
순식간에 백만 광년 이상으로 멀어졌다. 팽창은 매 순간 두

배로 커지면서, 지수 함수적으로 일어났다. 공간의 점들 사이의 거리는 빛보다도 더 빠르게 팽창했다.

이 이론이 옳다면 수조의 수조분의 1초보다 짧은 시간에 저장되어 있던 에너지가 방출되고 초기의 급격한 팽창은 끝났다. 우주가 식으면서, 우리가 아직 충분히 이해하지 못하고 있는 과정이지만, 이 인플레이션 장은 우리에게 익숙한 성분인 원자, 빛으로 바뀌었고, 아마도 암흑물질 입자로도 바뀌었을 것이다. 우주는 아직 빠르게 팽창하고 있지만 모든 물질들의 중력이 브레이크 효과로 작용하여 팽창 속도는 느려지기 시작했다.

구스는 우주에서의 몇 가지 의문들을 해결하기 위하여 인플레이션이라는 아이디어를 떠올렸다. 1970년대에는 우주배경복사의 특징이 분명해졌다. 그 빛은 우주의 아주 다른 곳에서 출발하여 수십억 년 동안 여행했음에도 불구하고 모든 방향의 모든 곳에서 거의 정확하게 똑같은 온도였다. 이것은 엄청나게 멀리 떨어져 있는 지점들이 정확하게 같은 온도라는 것을 의미했다. 이것은 이 지점들이 과거의 어떤 시점에 서로 접촉했을 때만이 가능하다. 얼음이 물에 녹아야만 서로 같은 온도가 되는 것과 마찬가지다. 구스의 인플레이션은 우리가 볼 수 있는 모든 공간, 그러니까 관측 가능한 우주 전체가 한때는 단단하게 뭉쳐져서 서로 접촉하고 있었다고 설명한다.

우리는 이 인플레이션 아이디어가 옳은지 아직 모른다.

이것은 우리가 관측한 모든 것과는 잘 맞는다(다음 장에서 다룰 것이다). 하지만 아직 확신을 가지고 말하기에는 불확실한 점이 있다. 인플레이션이 실제로 일어났다면 공간에 약하게라도 뚜렷한 흔적을 남겨야만 한다. 인플레이션은 시공간에 주름을 만들어 2015년 라이고가 관측했던 블랙홀의 충돌이 만든 시공간의 주름 같은, 시공간을 지나가는 중력파를 만든다. 일반적으로 인플레이션 장의 에너지가 클수록 더 큰 주름을 만들고, 그것은 우주배경복사에 특정한 형태의 무늬를 남긴다. 우주배경복사가 출발했을 때 중력파가 나이가 약 40만 년인 우주 공간을 지나고 있었다면 이것은 공간을 한쪽으로는 늘어지게 하고 다른 쪽으로는 줄어들게 하는 식으로 뒤틀어놓았을 것이다. 이것은 빛을 한쪽 방향으로 좀 더 잘 진동하게 하여 미세한 편광 효과를 만들었을 것이다. 칠레 북쪽 사막의 산꼭대기와 춥고 황량한 남극의 고원 지대에서 천문학자들은 이 신호들을 찾기 위하여 마이크로파 망원경을 하늘로 향하고 있다.

이것이 발견된다면 대단한 일이 될 것이다. 우리의 기원에 대해서 우리가 알 수 있는 한계에 한 걸음 더 다가가게 되는 것이다. 물론 우리는 그다음에는 인플레이션 장이 애초에 왜 있었으며 왜 꼭 그 정도의 에너지였는지 궁금해할 것이다. 이 이론이 틀린 것이어서 이 시공간 주름의 흔적을 발견하지 못할 가능성도 충분히 있다. 프린스턴대학의 폴 스타인하트Paul Steinhardt나 캐나다 경계 연구소Perimeter

Institute in Canada의 닐 투록Neil Turok과 같은 뛰어난 물리학자들은 우주 인플레이션 아이디어에는 근본적으로 문제가 있고, 양자역학을 정확하게 고려하면 우리 우주와 같은 우주는 그런 인플레이션이 자연적으로 만들 수 없다고 주장한다. 그들은 우리가 백지로 다시 돌아가서 우주의 그 가장 초기의 순간에 다른 어떤 일이 일어날 수 있었을지 더 열심히 생각해보아야 한다고 주장한다. 그들과 컬럼비아대학의 애나 이야스Anna Ijjas와 같은 과학자들은 인플레이션의 대안들을 찾아냈다. 예를 들면 빅뱅이 우주의 시작이 아니라 더 긴, 어쩌면 순환하는 우주의 수축과 팽창의 역사의 한순간일 뿐이라는 '튕김' 모형 같은 것이다.

지금까지 우리는 우주가 항상 존재해왔는지에 초점을 맞추었다. 그런데 우주가 무한히 큰지를 묻는 질문에 어떻게 답을 할지도 생각해볼 수 있다. 우리 우주처럼 전체적으로 모든 곳에서 모든 방향으로 똑같아 보이는 우주에서 이 질문에 대한 답은 두 가지 명확한 특징에 달려 있다. 공간의 곡률과 위상이다.

공간의 곡률은 공간이 얼마나 휘어져 있느냐를 말하는 것이다. 우리는 다른 곡률을 가지는 2차원 표면을 잘 알고 있다. 종이의 표면은 평평하다. 오렌지나 지구의 표면은 휘어져 있다. 표면이 얼마나 휘어져 있는지가 곡률이고, 어떤 대상의 형태를 바꾸지 않고는 그것의 곡률을 바꿀 수 없다.

어떻게 연결되어 있든지 간에 평평한 종이를 자르지 않고
서는 휘어진 공을 만들 수 없다. 그 반대도 마찬가지다. 우
리는 둥근 오렌지의 껍질을 찢어야만 평평한 표면으로 만
들 수 있다. 이들의 곡률은 다르다.

두 표면이 같은 곡률을 가지는지 알아보는 간단한 방법
은 표면에 삼각형을 그려보는 것이다. 대부분은 학교에서
삼각형의 내각의 합은 같다고 배운다. 180도 혹은 두 개의
직각을 합한 값이다. 하지만 이것은 평평한 것에 그려진 삼
각형에서만 참이다. 오렌지 위에 삼각형을 그리면 각들의
합은 평평한 표면에서보다 더 크다는 것을 알 수 있을 것이
다. 예를 들어, 오렌지의 북극에서 시작하여 적도까지 내려
오는 삼각형을 그려볼 수 있을 것이다. 두 번째 변은 적도
를 따라 4분의 1만큼 돌고 세 번째 변은 다시 북극으로 돌
아간다. 이 삼각형의 모든 각은 90도가 되어서 합은 270도
가 될 것이다.

여러 표면에 직선을 그려서 표면이 얼마나 휘어졌는지
알아볼 수도 있다. 평평한 표면에 그려진 평행한 두 직선은
계속 평행하게 간다. 오렌지처럼 휘어진 표면에 그려진 평
행한 두 직선은 어딘가에서 만날 것이다. 2차원에서 생각
할 수 있는 또 다른 종류의 휘어진 표면은 말안장이나 감자
칩 같은 모양이다. 이 표면도 역시 휘어져 있지만 공과는
달리 앞뒤 쪽은 위로, 양쪽 옆은 아래로 해서 서로 반대 방
향으로 휘어져 있다. 말안장 위에 삼각형을 그리면 각들의

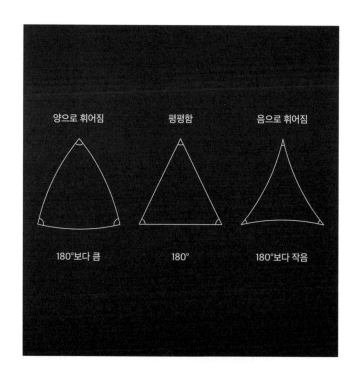

그림 4.9
공간의 여러 곡률

합은 평평한 삼각형보다 더 작을 것이다. 이 표면에 평행한 두 선을 그리면 벌어지기 시작하여 점점 더 멀어질 것이다.

지금까지의 설명은 2차원 표면에서의 곡률이지만 3차원 우주에도 똑같이 적용할 수 있다. 우주 공간은 평평하거나 양으로 휘어지거나 음으로 휘어질 수 있다. 이들은 시각화하기가 쉽지 않다. 공의 2차원 표면을 그리기 위해서는 3차원에 놓여 있는 공 전체를 생각해야 하기 때문이다. 휘어진 3차원 표면을 그리기 위해서는 4차원을 생각할 수 있어야 한다. 실망스럽게도 우리 인간은 4차원을 그리지 못한다. 하지만 3차원에서의 측정을 상상할 수는 있다. 2차원에서와 마찬가지로 공간의 곡률이 평평하다면 평행하게 나아가는 빛은 계속 평행할 것이다. 공간이 휘어져 있다면, 양으로 휘어진 우주에서 빛은 서로 가까워질 것이고 음으로 휘어진 우주에서는 멀어질 것이다.

우주가 끝이 없다면 양으로 휘어진 우주는 무한히 크지 않을 것이다. 공의 표면이 무한히 크지 않은 것과 마찬가지다. 지구의 표면에서처럼 양으로 휘어진 우주에서는 한쪽 방향으로 출발하여 충분히 길게 여행한다면 결국에는 반대편으로 돌아 제자리로 돌아올 수 있을 것이다. 다른 방향으로 출발해도 역시 제자리로 돌아올 것이다. 지구의 표면에서와는 달리 3차원의 어느 방향으로 출발하든지 결국에는 출발한 곳으로 돌아올 수 있을 것이다.

우주의 곡률을 결정하는 것은 무엇일까? 우주에 있는 물질의 양이다. 우주는 전체적으로 더 무거울수록 더 많이 휘어지게 된다. 3장에서 예를 들었던 것처럼, 납 공이 스티로폼 공보다 고무판을 더 많이 휘어지게 하는 것과 같다. 우리는 우주 공간을 지나가는 빛을 추적해서 공간이 얼마나 휘어졌는지를 측정하여 우주의 곡률을 알아낼 수 있다. 멀리 있는 천체에서 지구로 오는 빛은 공간이 휘어져 있지 않다면 직선 경로로 올 것이다. 공간이 더 많이 휘어져 있다면 고무판 위의 구슬처럼 빛은 더 많이 휘어질 것이다.

　납 공 혹은 스티로폼 공이 놓여 있는 고무판을 생각해보자. 나는 고무판의 한쪽에 서 있고 반대쪽에서는 친구가 양쪽 팔을 넓게 벌리고 양손으로 나를 향해 구슬을 동시에 굴린다. 고무판 위에 스티로폼 공이 놓여 있으면 표면을 거의 휘어지게 하지 않으므로 두 구슬은 나를 향해 직선으로 올 것이다. 스티로폼 공 대신 납 공을 놓으면 고무판의 표면이 휘어져서 두 공은 더 긴 시간 동안 휘어져서 나에게 올 것이다. 두 구슬이 나의 손에 도착하기까지 그린 두 경로 사이의 각을 측정해보면 스티로폼 공일 때가 납 공일 때보다 더 작을 것이다. 곡률이 평평한 면에 그려진 삼각형은 양으로 휘어진 면에 그려진 삼각형보다 더 작은 각을 가진다. 이것은 구슬의 경로 사이의 각을 이용하면 공이 얼마나 무거운지 알아낼 수 있다는 것을 의미한다. 납 공이 있는 경우의 각은 더 클 것이다. 만일 구슬들이 휘어진 경로로 왔다는 사실을 내가 모른다면 마치 내 친구의 팔이 아주 긴

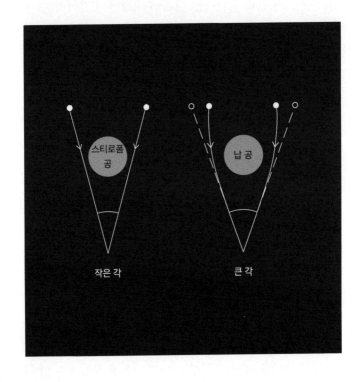

그림 4.10

삼각형의 각을 이용한 공간의 무게 측정

것처럼 보일 것이다.

실제 우주에서 우주의 곡률을 알아낼 수 있는 비슷한 상황을 생각할 수 있다. 친구가 팔을 벌리고 보낸 구슬 대신 먼 곳에서 오는 빛을 이용하고, 우주가 고무판의 역할을 대신한다. 아주 먼 거리를 여행한 빛을 이용하면 우주에 있는 물질 일부의 질량만이 아니라 그 빛이 지나온 공간에 있는 모든 물질의 전체 질량을 알아낼 수 있다. 이것을 해보기에는 우주배경복사를 이용하는 것이 이상적이다. 이 빛은 거의 우주가 존재해온 시간 동안 여행을 했기 때문이다. 문제는, 구슬에 해당하는 그 빛을 관측하는 것도 어려운데 각까지 측정해야 한다는 것이다. 고무판의 예시에서는 친구의 팔 길이를 알기 때문에 삼각형 내각의 합이 180도인지 아닌지 알 수 있다.

우주배경복사에는 평균보다 더 밝거나 어두운 점들로 이루어진 미세한 형태가 있다는 것이 밝혀졌다. 이 형태를 친구가 펼친 팔로 이용해볼 수 있다. 이 형태가 왜 있는지는 5장에서 살펴볼 것이다. 지금은 이것이 하늘을 향해 팔을 뻗었을 때 엄지손가락 너비 정도 크기로 보인다는 것만 알아두자. 점들의 크기는 엄청나게 길고 가는 삼각형의 짧은 변이 되고, 긴 두 변은 우주배경복사가 약 140억 년 동안 여행해온 거리가 된다. 그 점들은, 질량이 커서 공간을 휘어지게 만들어 빛이 휘어진 경로를 따라오게 만드는 우주에서는 더 크게 보인다.

그래서 이 거대한 삼각형의 각을 측정하여 관측 가능한 우주 전체의 질량을 측정하겠다는 멋지고 원대한 목표가 생겼고, 이는 2000년에 대성공을 거뒀다. 풍선을 이용한 두 실험 장치는 경쟁적으로 지구 대기 높은 곳으로 올라가 마이크로파 빛에 있는 이 특정한 형태를 관측했다. 텍사스 팔레스타인의 컬럼비아 과학 풍선 시설Columbia Scientific Balloon Facility에서는 미국의 주도로 맥시마MAXIMA라는 실험 기기가 1998년 8월에 8시간 동안 비행했다. 같은 해 12월 미국과 이탈리아 주도로 부메랑BOOOMERanG이라는 기기를 통한 실험도 이루어졌는데, 기기는 남극의 맥머도 기지를 출발하여 10일 동안 비행했다. 두 팀 모두 그 점들을 관측하여 그 크기가 빛이 직선으로 이동하였을 것으로 예상되는 우주에서의 크기와 정확하게 같다는 것을 알아냈다. 그들은 우주의 질량을 측정했고, 우주가 전체적으로 전혀 휘어져 보이지 않는다는 것을 알아냈다.

그들이 측정한 우주의 질량은 얼마일까? 놀라울 정도로 작다. 우주에 있는 모든 물질을 균일하게 펼쳐보면, 평균적으로 한 모서리가 1미터인 정육면체 안에 수소 원자 6개의 질량밖에 들어 있지 않게 된다. 물론 우주는 은하단이 있거나 암흑물질 덩어리가 있는 특정한 곳에서는 그보다 훨씬 더 밀도가 높다. 이것은 우주의 대부분은 텅 비어 있다는 사실을 다시 한번 상기시켜 준다.

우주가 평평해 보인다는 사실은 그것이 모든 방향으로

무한히 뻗어 있을 수도 있음을 말해준다. 하지만 평평하다고 해서 반드시 무한히 커야 할 이유는 없다. 위상은 공간이 어떻게 말려 있는지를 보여주는 것이다. 우리는 공간을 자르지 않고 공간의 위상을 바꿀 수 있다. 고무 밴드를 예로 들어보자. 고무 밴드를 자르지 않은 채, 우리는 그것을 직선으로 놓을 수도 있고 양쪽 끝을 연결하여 원으로 만들 수도 있다. 종이로도 비슷하게 할 수 있다. 평평하게 놓을 수도 있고 말아서 튜브로 만들 수도 있다. 종이나 고무 밴드의 기하학적인 모양은 바뀌지 않았지만 위상은 달라진다.

우주도 다양한 위상으로 생각해볼 수 있다. 실제로 공간은 종이가 말려 있는 것과 거의 같은 방법으로 말려 있을 수 있지만 시각화하기는 어렵다. 종이의 표면은 2차원이지만 말려 있는 종이 튜브는 3차원에 놓여 있다. 3차원 공간을 같은 방식으로 연결하기 위해서는 4차원을 상상할 수 있어야 한다. 이것은 공간의 오른쪽과 왼쪽, 앞쪽과 뒤쪽, 위쪽과 아래쪽을 연결하여 만들어진다. 그래서 이 공간에서는 어느 방향으로 움직이든 결국에는 출발한 곳으로 돌아올 수 있다.

공간이 이런 식으로 연결되어 있으면 크기는 유한하지만 끝은 존재하지 않는다. 만일 그 크기가 관측 가능한 우주보다 크다면 우리는 이것을 전혀 연결되어 있지 않은 무한히 큰 우주와 구별할 수 있는 방법이 없다. 하지만 그 크기가 관측 가능한 우주보다 작다면 우리는 이미 알아차렸을 것

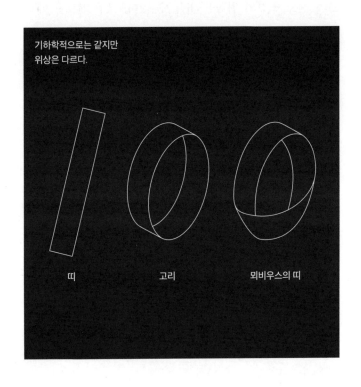

기하학적으로는 같지만
위상은 다르다.

띄   고리   뫼비우스의 띄

그림 4.11
종이로 만들 수 있는 몇 가지 위상

이다. 이런 우주는 어떻게 보일까? 얼핏 봐서는 무한한 우주와 크게 다르지 않을 것이다.

종이 튜브를 예로 들어 우리가 어떻게 볼지 상상해볼 수 있다. 여기서는 종이의 2차원 표면으로만 이루어져 있는 공간을 생각하자. 이제 머리에 전구를 매단 개미를 종이 표면에 놓고 두 번째 개미를 관찰자로 놓자. 물론 개미는 3차원 생물이지만 평평하다고 생각하자. 전구에서 나오는 빛은 종이에서 멀어지는 방향으로는 나아가지 않고 종이의 2차원 표면을 따라서만 이동한다고 가정하자. 관찰자는 개미의 전구에서 나오는 빛을 볼 것이다. 그런데 빛은 종이 튜브를 따라 계속 나아가기 때문에 관찰자에게 도달하기 전에 한 바퀴 이상을 돌아서 올 수도 있다. 그 빛은 여전히 개미에게서 오지만 한 바퀴를 돌 때마다 더 많은 시간이 걸려서 관찰자에게 보인다.

빛은 어딘가에 부딪힐 때까지 계속 나아가기 때문에 그 빛은 튜브를 계속해서 돈다. 관찰자는 빛이 한 바퀴를 돌 때마다 그 빛을 볼 수 있다. 결과적으로 관찰자는 여러 상의 전구를 보게 되고, 그 간격은 튜브를 한 바퀴 도는 거리가 된다. 가장 가까운 상은 가장 최근에 온 것이고, 멀리 있는 상은 멀리 있을수록 더 오래된 것이다. 계속 돌수록 시간이 걸리기 때문이다.

유한한 우주에서는 이 효과가 3차원으로 일어난다. 전구는 멀리 있는 은하고 우리는 우리은하에 있는 관찰자다. 은하에서 오는 빛은 우리에게 도착할 것이고 우리는 은하를 볼 수 있을 것이다. 그런데 오래전에 같은 은하에서 나온 빛이 유한한 우주를 돌아서 출발한 곳으로 돌아갔다. 지구에서 여행을 떠났던 사람이 원래 자리로 되돌아가는 것처럼 말이다. 이 빛은 첫 번째 빛과 동시에 도착하지만 훨씬 더 오래된 은하의 이미지를 보여준다. 우주를 관측하면 우리는 이런 식으로 같은 천체의 여러 상을 볼 수 있게 된다. 우리는 우주가 실제보다 훨씬 더 크다고 착각하게 될 수 있다. 우주 위상학 전문가인 미국의 우주론 학자 재나 레빈Janna Levin은 이것을 거울의 방에 비유한다.

우주가 우리 국부은하군 정도만큼 작다면 우리는 이것을 쉽게 알아차릴 것이다. 우주의 크기가 훨씬 더 크다면 알아차리기 어려울 것이다. 현대의 망원경으로도 관측 가능한 우주 가장 먼 곳의 지도를 아직 그릴 수 없기 때문이다. 천문학자들은 이런 반복되는 형태의 증거를 아직 찾지 못했다. 이것이 우주가 무한히 크다는 것을 의미하지는 않는다. 하지만 이것은 우리 우주가 좌우, 앞뒤, 아래위가 연결된 유한한 우주라 하더라도 그 크기는 우리가 관측할 수 있는 우주의 크기보다는 더 커야 한다는 사실을 말해준다.

우주가 유한하다면 그것은 모든 곳에서 똑같이 행동하지 않을 수 있다. 인플레이션이 정말로 일어났다면 우주의 다른 부분은 다른 시간에 자라기 시작했으리라고 예측된다. 각각의 지점은 자신만의 물리법칙과 자신만의 기본 입자들

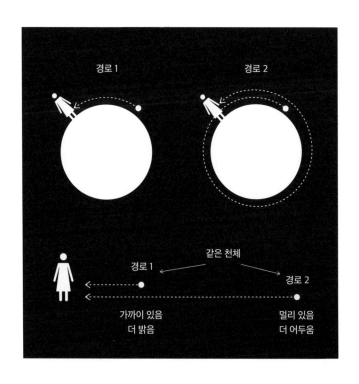

그림 4.12

유한한 우주에서 같은 천체가 만드는 여러 개의 상

267

을 가지는 별도의 소우주가 되는 것이다. 그렇다면 우리가 '우리 우주'라고 부르는 것은 우리가 볼 수 있고 우리를 포함하는 부분을 만들어낸, 특정한 순간에 팽창한 부분에 불과하다. 우리가 포함된 거품의 인플레이션의 시작을 빅뱅이라고 한다면 더 큰 우주는 그 전부터 이미 존재하고 있었을 수도 있다.

여러 개의 거품 우주는 다중우주多重宇宙, multiverse라고 불리는 것의 한 가지 가능한 예다. 우리 우주가 훨씬 더 큰 거대한 무언가의 일부일 뿐이라는 것이다. 이 아이디어에는 강한 지지자와 강한 반대자들이 있다. 강한 지지자에는 인플레이션 이론을 정립한 사람 중 한 명인 러시아 출신의 미국 스탠퍼드대학 물리학자 안드레이 린데Andrei Linde가 포함되어 있다. 강한 반대자에는 폴 스타인하트가 있다. 스타인하트는 인플레이션이 만드는 다중우주에는 우리가 보는 우주와 물리적으로 다른 지역이 월등히 많을 것이라고 주장한다. 그 주장에 따르면 인플레이션 이론은 우리가 있는 우주가 어떻게 행동해야 하는지에 대해 아무런 예측도 하지 못한다. 그는 이 근거가 다중우주론을 과학적으로 잘못된 개념으로 만드는 것 중 하나라고 주장한다.

인플레이션 이론이 옳지 않다면 우주는 무한히 계속 멀어지고 모든 곳의 환경이 똑같을 수 있다. 그런데 이것도 역시 생각해보면 흥미롭다. 광활한 바깥 어딘가에 우리의 복사본이 무한히 존재할 수도 있다는 말이기 때문이다. 많은 사람들에게 유한한 우주가 더 입맛에 맞는 선택이라는 것은 이상하게 느껴질 것이다. 우주가 유한한지 무한한지 우리는 절대 알 수 없을 수도 있다. 하지만 우리는 우리가 볼 수 있는 우주의 모든 부분에 대해서는 엄청나게 많은 것을 알게 되었다. 우리는 우주가 팽창하고 있다는 것과 우주가 약 140억 년 전에 시작되었다는 것을 알고 있다. 단지 왜 그런지 모를 뿐이다.

5장

시작부터 마지막까지

이제 우주에서 우리의 위치로 돌아와보면, 우리는 태양 주위를 도는 작은 행성에 있다. 우리 태양은 이웃 별들에 둘러싸여 있고, 이 별들에도 주위를 도는 작은 행성들이 많이 있다. 우리의 이웃 별들은 우리의 더 큰 집인 우리은하의 일부를 이루는 긴 나선 팔에 속해 있다. 우리은하는 별과 기체로 이루어진 거대한 원반으로, 보이지 않는 암흑물질로 이루어진 훨씬 더 큰 헤일로 속에 있으면서 천천히 회전하고 있다. 우리의 이웃 은하인 멋진 나선형의 안드로메다은하는 넓은 우주 공간을 가로질러 우리를 향해 천천히 움직이고 있다. 우리 주위에는 더 많은 은하들이 은하군 혹은 더 큰 은하단을 이루면서 흩어져 있다. 그 속에서는 별들이 태어나고 죽어간다. 더 멀리, 우리가 볼 수 있는 최대한 먼 곳까지 더 많은 은하들이 은하군이나 은하단을 구성하고 있다. 충분히 멀리 보면 은하들은 대규모 도시와 같은 훨씬 더 큰 구조인 초은하단을 이루고 있다. 은하와 은하단들은 우주의 뼈대인 암흑물질의 그물 위에서 빛나고 있다.

우리는 우주가 항상 이런 모습은 아니었다는 사실을 알고 있다. 개개의 별만이 아니라 은하 전체도 태어난다. 은하들도 항상 있던 것이 아니고, 그 안에 있는 별들도 항상 밝게 빛났던 것이 아니다. 우리를 둘러싸고 있는 은하들이 전체적으로 우리에게서 멀어지고 있다는 사실을 알게 되자 우리는 우리 우주가 반드시 커지고 있어야 한다고 생각하게 되었다. 우주에 있는 모든 것은 서로 멀어지고 있다. 만일 시간을 뒤로 돌린다면 과거 어느 시점에는 우주 전체가 커지기 시작한 시점이 있다는 피할 수 없는 결론에 이르게 된다. 4장에서 보았던 것처럼 우주가 그 전에도 존재했는지는 아직 알아내지 못했지만 이것을 시작이라고 부를 수 있을 것이다.

이 장에서는 그 시작점에서 시간을 앞으로 돌려 우리가 어떻게 지금 여기에 있게 되었고, 미래에 우리 우주에는 어떤 일이 일어날지 알아볼 것이다. 이것을 가능하게 해주는 것은 우리가 우주를 들여다볼 때 경험하는 멋진 타임머신 효과이다. 더 멀리 볼수록 시간적으로 더 과거를 볼 수 있는 것 말이다. 1장에서 본 것처럼 우주의 여러 부분을 봄으로써 전체 우주가 어떻게 진화해왔는지에 관한 퍼즐 조각을 맞출 수 있다.

현재 우주를 보면 전혀 균일하지 않다. 우주의 어떤 부분은 거의 텅 비어 있고, 어떤 곳에는 많은 항성계와 높은 밀도의 블랙홀과 밀집한 암흑물질이 있다. 우리 우주의 이런 구조가 처음 출현하려면 어딘가에서 시작되었어야 한다. 우주가 커지기 시작할 때 그것이 불균일하지 않았다면 우리 우주에는 아직도 원자와 암흑물질이 균일하게 퍼져 있었을 것이다. 우리는 여기 존재하지 못했을 것이다.

오늘날 우주의 천체들로 진화한 이 초기의 구조가 어떻게 생겼는지 알아내는 것은 우주론과 천문학의 가장 큰 과제 중 하나다. 이 일은 우주가 커지기 시작한 최초의 순간에 일어났을 가능성이 가장 크다. 가장 인기 있는 설명은 앞 장에서 소개한 아이디어다. 우주의 나이가 수조의 수조분의 1초일 때 순식간에 일어난 인플레이션 과정이다. 인플레이션 중에는 원자핵을 구성하는 입자들이 아직 만들어지지 않았었고, 아주 짧은 우주적인 시간마다 우주를 두 배씩 급속도로 팽창시킨 에너지를 품고 있는 인플레이션 장이 우주 전체를 지배하고 있었다.

우리는 아직 인플레이션이 일어났다는 확실한 증거를 가지고 있지 않고, 많은 이론가들이 이것을 문제가 있는 아이디어라고 주장하고 있다는 사실을 기억하라. 그런데도 인플레이션 가설이 그렇게 인기가 있는 이유 중 하나는, 그것이 양자역학과 결합되면 인플레이션이 없었다면 부드러웠을 공간에 뚜렷한 모양이 만들어진 과정을 멋지게 설명해주기 때문이다. 양자역학은 원자 규모의 아주 작은 물질에서 일어나는 일들을 설명해준다. 이렇게 작은 규모로 가면 이상한 일이 일어나기 시작한다. 어떤 물체가 어디에 있는

지, 혹은 어떤 일이 언제 일어났는지 정확하게 알아낼 수가 없다. 공간 내 어떤 지점에서의 에너지는 빠르게 변할 수 있기 때문에 아주 짧은 시간 동안에 새로운 입자들이 아무것도 없어 보이는 것에서 만들어질 수 있다.

에너지가 우주 공간에 부드럽게 퍼져 있는 부드러운 인플레이션 장을 확대하여 아주 작은 규모에서 일어나고 있는 일을 살펴보면 작은 양의 초과 에너지가 계속해서 만들어지고 사라지는 모습을 발견할 것이다. 공간이 팽창하지 않으면 이것은 아무런 결과를 만들어내지 못한다. 큰 스케일에서는 평균적으로 아무 일도 일어나지 않는 것으로 보인다. 하지만 최초의 그 짧은 순간에 우주는 매 순간 두 배의 크기가 될 정도로 엄청나게 빠르게 팽창했다. 이것은 이 작은 초과 에너지에 중요한 영향을 주었다. 빛의 속도보다 빠르게 팽창한 공간에서 만들어진 양자 덩어리들은 너무 멀리 떨어졌기 때문에 서로 소통할 시간이 거의 없었다. 이들이 서로 멀어지고 있는 동안 빛이 그 사이를 이동할 시간이 없었기 때문이다. 원자의 크기만큼 떨어져 있던 공간의 두 지점은 인플레이션이 끝났을 때 수 광년이나 떨어져 있었다. 초과된 에너지는 공간에 갇혀 고정되었다. 지금은 우주의 먼 지점에 있는 다른 짝과 접촉하여 사라질 수가 없게 되었기 때문이다.

이것은 아주 이상한 생각처럼 보인다. 이것이 사실이라면 작은 구조(공간에서 밀도가 높은 지역)는 공간이 극도로 빠르

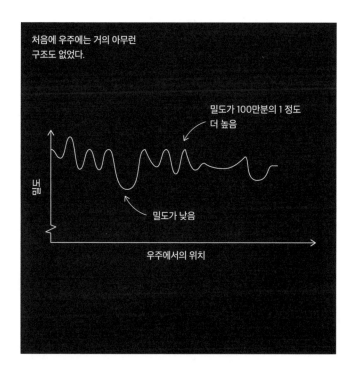

처음에 우주에는 거의 아무런
구조도 없었다.

밀도가 100만분의 1 정도
더 높음

밀도

밀도가 낮음

우주에서의 위치

그림 5.1
빅뱅 직후 최초의 순간에 각인된 우주의 입자 밀도의 미미한 차이

게 팽창하지 않았다면 다시 사라졌을 것이라는 말이기 때문이다. 이 작은 구조는 팽창을 통해 다른 곳보다 약간 밀도가 높은 우주의 구조로 고정되었다. 그리고 인플레이션 시기의 마지막 순간에 이 에너지 덩어리들은 우리에게 익숙한 입자가 되었고 아마 암흑물질의 입자도 되었을 것이다. 인플레이션 장의 밀도가 높은 곳에는 이제 더 많은 입자가 있게 되었다.

이 구조들은 아주 다양한 규모로 만들어졌다. 어떤 것은 은하 크기로, 어떤 것은 별 크기로, 어떤 것은 당신 손만 한 크기로. 하지만 상상하기 어려울 정도로 미미했다. 밀도가 평균보다 백만분의 1 정도밖에 안 높아서 눈으로는 절대 볼 수가 없다. 하지만 시작은 미미했어도 우리 우주가 진화하기에는 그것으로 충분했다. 구조의 작은 씨앗이 오랜 시간이 지나면서 우주적인 구조로 발전해갔다.

초기의 아주 짧은 순간만 벗어나면 우리는 어떤 일이 일어났는지를 좀 더 자신 있게 말할 수 있다. 우리는 양성자, 중성자, 전자, 작은 중성미자, 빛, 그리고 아마도 암흑물질 입자로 가득 찬 우주에 있다. 우주는 수십억 도가 될 정도로 엄청나게 뜨겁고, 모든 것이 단단하게 뭉쳐져 있다. 너무나 뜨거워서 양성자가 중성자로 바뀌고 서로 융합하여 원자핵을 만들었다. 수소가 융합하여 헬륨이 되었다. 시간이 지나면서 우주는 커졌고 물질들은 퍼지기 시작했다. 그

러면서 모든 것이 천천히 식어서 몇 초가 지난 후에는 양성
자와 중성자가 더 이상 서로 변할 수 없게 되었다. 중성
자에 대한 양성자의 수가 고정되었다.

그리고 몇 분이 지난 후 전체 우주는 여전히 약 10억 도
정도였지만 이것은 더 이상 핵융합이 일어날 수 없는 차가
운 온도였다. 여러 종류의 원자들의 수는 고정이 되었고,
그 대부분은 하나의 양성자와 하나의 전자로 이루어진, 주
기율표의 첫 번째 원소인 수소였다. 수소 원자 12개당 헬륨
원자 하나가 있었고 더 무거운 리튬 원소는 훨씬 더 적게
있었다. 아직은 탄소도 질소도 산소도 없었다. 헬륨 원자가
융합하여 이런 원소들을 만들기 위해서는 시간과 열이 필
요했다. 우주는 빅뱅 이후 너무 빠르게 팽창하여 이 원소들
을 만들지 못했다. 우리는 엄청난 열을 견디는 중심부를 가
진 별이 등장할 때까지 한참을 기다려야 한다.

이 빅뱅 핵합성이라는 초기 원소들이 만들어진 과정을
처음으로 알아낸 사람은 바로 미국의 물리학자 랠프 앨퍼
였다(그는 우주배경복사를 처음 예측한 사람이기도 하다 - 옮긴이). 이
것은 1948년 조지워싱턴대학에서 조지 가모프의 지도를
받은 그의 박사학위 논문 주제였고, 우주배경복사 존재의
예측으로 가는 디딤돌이었다. 앨퍼 이전까지는 우주가 이
런 특정한 수소와 헬륨의 비율을 지닌다는 관측은 있었지
만 아무도 그 이유를 알지 못했다. 그의 결과는 1948년 〈화
학 원소들의 기원 The Origin of Chemical Elements〉이라는 논문으

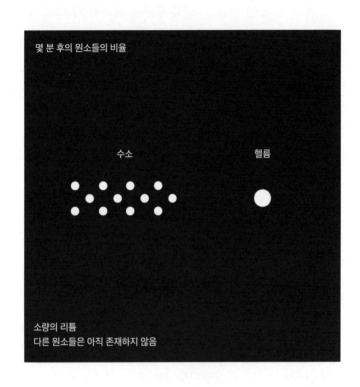

그림 5.2

빅뱅 몇 분 후에 만들어진 원소들의 비율

로 발표되었고, 저자는 앨퍼와 가모프 그리고 한스 베테였다. 이 연구는 주로 앨퍼가 했지만 그에게는 불행히도 가모프가 자신의 친구인 물리학자 한스 베테의 이름을 포함시켰다. 그리스 알파벳의 첫 세 글자를 만드는 말장난을 위해서였다. 베테는 이 연구에 관여하지 않았고, 학생이었던 앨퍼는 두 명의 선배 학자가 논문의 저자로 포함되면 자신의 획기적인 연구에 대한 공로를 제대로 인정받지 못하지 않을까 걱정했다. 하지만 앨퍼는 충분한 명성을 얻었다. 기자들을 포함한 수백 명의 사람들이 1948년 그의 박사학위 발표를 지켜보았고, 그의 획기적인 연구 결과는 〈워싱턴 포스트〉에 대문짝만하게 실렸다.

우주로 다시 돌아가면, 이제 몇 분이 지났고 우주에는 무수히 많은 작은 전자와 중성미자에 둘러싸인 원자핵, 빛 그리고 암흑물질 입자가 퍼져 있다. 나중에 우주배경복사가될 빛은 매번 작은 전자들과 부딪히면서 우주의 모든 방향으로 날아다니고 있다. 전자는 어디에나 있기 때문에 빛은 우주의 바다를 돌아다니며 계속해서 방향이 바뀐다. 이것은 우주를 불투명한 구름이나 안개처럼 보이게 만든다.

우리는 안개를 통과하여 멀리 볼 수 없다. 안개를 구성하는 물 분자들이 빛의 방향을 바꾸어 여러 경로로 흩어지게 만들기 때문이다. 안개 속에 있는 모든 빛은 무작위적인 경로를 가지게 된다. 이것은 젊은 우주에서 전자가 빛에 미치는 효과와 비슷하다. 빛이 입자 안개에서 빠져나오기 전까지는 어디에 있었는지 알 수 없다.

　이 안개와 같은 우주는 최초의 순간에 만들어진 불규칙한 구조를 품고 있다. 이곳은 우주가 평균보다 약간 더 밀도가 높고, 입자들이 조금 더 많이 모여 있는, 덩어리가 진 곳이다. 이런 덩어리들은 이제 자라기 시작한다. 중력이 이들을 모이게 만들기 때문이다. 질량이 더 큰 것은 중력이 더 강하기 때문에 물질이 약간 많은 공간의 영역은 물질이 더 적은 공간에 있는 물질을 끌어당긴다. 구조는 천천히 점점 명확해진다.

　약 40만 년이(좀 더 정확하게는 38만 년이다 - 옮긴이) 지난 후 드디어 안개가 걷힌다. 그러는 동안 우주는 계속 커지고 점점 식어간다. 주위의 온도는 이제 몇천 도가 되어 전자들이 작은 원자핵에서 분리되어 있을 정도로 충분히 뜨겁지 않다. 이제 수소와 헬륨 원자가 존재할 수 있게 되었다(원자핵과 전자가 결합된 것을 원자라고 한다 - 옮긴이).

　자유롭게 떠도는 전자들은 빛의 경로를 바꿀 수 있지만, 일단 원자 안에 갇히게 되면 그럴 수 없다. 이제는 빛이 주위의 원자나 암흑물질 입자들에게는 거의 전혀 영향을 받지 않고 똑바로 움직일 수 있게 되었다는 말이다. 이 빛이 바로 4장에서 살펴본, 1965년에 처음으로 발견된 우주배경복사다. 물리학자인 짐 피블스와 야코프 젤도비치는 각각 프린스턴과 모스크바의 연구자들을 이끌고 몇 년에 걸쳐서 우주의 다른 부분에서 나오는 빛은 약간 다른 세기를 가

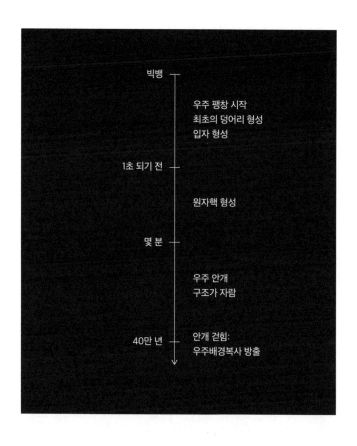

빅뱅

우주 팽창 시작
최초의 덩어리 형성
입자 형성

1초 되기 전

원자핵 형성

몇 분

우주 안개
구조가 자람

40만 년

안개 걷힘:
우주배경복사 방출

그림 5.3
빅뱅 이후 처음 40만 년 동안의 연대기

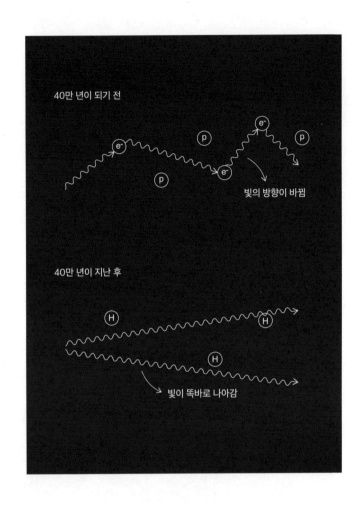

그림 5.4
우주배경복사의 생성

져야 한다는 사실을 알아냈다. 빛의 세기 혹은 온도는 빛이 나올 때의 공간의 밀도를 알려준다. 서로 다른 공간은 다른 곳보다 밀도가 약간 높거나 낮기 때문에 그곳에서 나오는 빛도 약간 더 뜨겁거나 차가워야 한다.

하지만 그 차이는 미미했을 것이다. 당시에 밀도가 높은 부분은 밀도가 10만분의 1 정도밖에 더 높지 않았기 때문에 다른 방향에서 오는 우주배경복사의 세기 변화는 10만분의 1밖에 되지 않을 것이었다. 우주배경복사가 발견된 지 몇십 년 후 물리학자들은 이 구조를 찾는 데 노력을 기울이기 시작했다. 이것을 찾는 데에는 20년이 넘게 걸렸다. 신호가 너무 약해서 아주 민감한 마이크로파 감지기를 개발해야 했기 때문이다. 지구의 대기에서 나오는 마이크로파로 신호가 오염되지 않는 좋은 관측 장소도 필요했다. 미국의 물리학자 존 매더John Mather가 이끄는 과학자 팀이 나사의 코비COBE 위성이 관측한 마이크로파 자료를 이용하여 1992년 드디어 이것을 발견했다.

빅뱅 약 40만 년 후 우주는 수소와 헬륨 원자와 작은 중성미자 입자, 그리고 암흑물질 입자로 가득 차 있었다. 원자와 입자들의 밀도가 높은 지역은 점점 더 뚜렷해졌다. 중력이 보이는 물질과 보이지 않는 물질을 밀도가 높은 지역으로 끌어당기고 밀도가 낮은 곳은 더 낮게 만들어 각각의 지역들을 점점 크게 만들었다. 하지만 이런 지역은 아직 별과 같은 익숙한 천체로 수축할 정도로 충분히 밀도가 높지는 못했다. 우주는 약 2억 년 동안 우주배경복사의 빛만이 공간을 밝히는 우주의 암흑시대로 들어갔다. 그 기간 동안 빛과 원자들 주위의 온도는 섭씨 수천 도에서 0도 훨씬 아래로 천천히 떨어졌다.

이 암흑시대 동안 밀도가 높은 지역은 원자와 암흑물질 입자들이 우주의 그물로 수축하여 거대한 필라멘트가 덩어리진 지점들을 연결한 것처럼 보이는 구조를 만들었다. 우리는 이 일이 일어나는 것을 본 적이 없기 때문에 이것이 어떤 식으로 일어났는지 아직 정확하게 알지 못한다. 하지만 3장에서 본 것과 같이 컴퓨터 시뮬레이션을 이용하는 능력이 발전하면서 우리의 이해 수준도 높아지고 있다. 천문학자들과 물리학자들은 빅뱅 때 새겨진 특별한 구조를 이용하여 우주에 있는 엄청난 수의 원자와 암흑물질 입자들에게 어떤 일이 일어났는지 컴퓨터로 계산을 할 수 있다. 컴퓨터가 중력 법칙을 알면 충분한 수의 다양한 물체들의 움직임과 뭉침을 추적할 수 있다. 컴퓨터가 점점 정교해짐에 따라 우리는 우주를 점점 더 정확하게 시뮬레이션 할 수 있다.

이런 시뮬레이션들은 우리가 그 당시에 일어났던 일을 알게 되었다는 자신감을 주지만, 우리는 우주의 암흑시대를 절대 직접 들여다볼 수는 없을 것이다. 별이 없었기 때문에 그 시대를 볼 수 있는 별빛이 없다. 하지만 희미한 희망은 있다. 우주배경복사에 의해 가열된 수소 원자는 그 안의 전자가 두 물리적 상태 사이에서 전환될 때 약간의 전파를 방출한다. 수소 원자는 하나의 전자를 가지고 있고 그 전자는 '스핀'을 가진다. 이것은 전자가 시계방향 혹은 반시계방향으로 회전하는 것으로 비유할 수 있다. 양자역학에 따르면 전자는 실제로 회전을 하지는 않지만 회전하는 것처럼 행동한다. 수소 원자의 양성자와 전자가 같은 방향의 스핀을 가지면 다른 방향의 스핀일 때보다 약간 더 높은 에너지가 된다. 그래서 전자의 스핀이 반대로 바뀌면 수소 원자의 에너지가 낮아지고 그 에너지가 빛으로 나오게 되는 것이다.

이 빛은 우리가 와이파이를 이용할 때 사용하는 빛의 파장과 비슷한 21센티미터 길이의 파장을 가진다. 우리는 특별히 제작된 망원경으로 그 수소 원자들에서 나오는 전파를 관측할 수 있지만 한 가지 고려할 것이 있다. 우주가 지금보다 훨씬 작았을 때 출발한 전파는 지금은 파장이 훨씬 길어졌다. 새로운 파장은 몇 미터 정도인데 이것은 지구에서 보는 것이 거의 불가능하다. 사람이 만든 기기들의 방해 때문인데, 특히 라디오 방송국은 거의 같은 길이의 전파를 방출한다.

이 시대를 연구할 방법을 찾는 천문학자들은 이 문제를 피하기 위해서 달 뒷면의 거대한 영역을 덮는 수천 개의 전파 안테나를 만든다는 미래 지향적인 아이디어를 가지고 있다. 암흑시대 달 간섭계Dark Ages Lunar Interferometer라는 이름의 이 시스템은 최대 약 30미터까지의 극히 긴 파장까지 검출할 수 있을 정도로 커서 우주의 역사에 대한 우리의 이해를 암흑시대까지 멀리 넓혀줄 것이다. 이 아이디어는 수천 개의 전파 안테나를 로봇 군대가 땅에 펼쳐놓는다는 것이다. 이들이 합쳐지면 몇 킬로미터 크기의 망원경 하나만큼 민감해서 별이 만들어지기 이전의 우주의 형성 과정을 엿볼 수 있게 해줄 것이다.

수억 년이 지난 후 우주는 암흑시대의 마지막에 이르렀다. 드디어 우주의 암흑물질 그물망이 서로 만나는 밀도가 높은 지역에서 최초의 은하들이 만들어질 수 있을 정도로 원자 덩어리들의 밀도가 높아졌다. 이 원시은하原始銀河, protogalaxy들은 우리가 지금 우리 주변의 우주에서 볼 수 있는 은하들과는 상당히 다르다. 지름은 수십 광년밖에 되지 않고 질량은 태양 질량의 백만 배 정도로 훨씬 더 작다. 처음에는 별이 전혀 없었을 것이다. 컴퓨터 시뮬레이션에서 일어나는 과정으로 볼 때 이 은하들은 구형의 큰 암흑물질 안에 놓인 기체 원반으로 이루어져 있었을 것으로 여겨진다. 기체의 성분은 우리은하와 같은 은하들의 별 형성 기체와는 아주 다르게 수소와 헬륨으로만 이루어져 있다. 탄소나 산소와 같이 우리 태양계와 같은 항성계를 이루는 성분들은 아직 존재하지 않았다.

이 작은 은하들의 내부에서는 어떤 일이 일어났을까? 중력이 끌어당겨 기체가 압축되어 약 천 도로 가열된다. 기체의 밀도가 가장 높은 곳은 더 단단하게 모여 수소와 헬륨 원자들을 더 가까이 모이게 한다. 하지만 기체 덩어리가 별이 되기 전까지 안쪽의 원자들은 안쪽으로 당기는 중력이 바깥쪽으로 밀어내는 압력을 이길 수 있도록 충분히 차가워야 한다. 기체의 온도가 낮을수록 압력이 낮기 때문이다. 이것은 실제로는 기체 덩어리들이 영하 백 도 이하로 냉각되는 것을 의미하는데, 이 일은 원자들이 서로 충돌할 때 일어난다. 원자들의 속도가 느려져 온도가 낮아지는 것이다. 이 과정은 높은 밀도의 수소와 헬륨 구름이 수축하여 최초의 별이 될 때까지 진행된다. 2장에서 본 것처럼 이제는 중심부에서 핵융합이 시작되어 빛과 열을 만들어낸다.

수소와 헬륨 원자들은 탄소나 산소와 같은 원소로 이루어진 기체만큼 잘 충돌하여 냉각되지 않는다. 이 초기의 기체 덩어리들은 현재 우리은하에 있는 기체 구름보다 바깥쪽으로 밀어내는 압력이 더 강하다는 말이다. 이것은 이 최초의 별들이, 압력을 이기고 안쪽으로 당기는 중력이 더 커야 하기 때문에 현재의 일반적인 별보다 평균적으로 훨씬 더 무겁게 만들어졌다는 것을 의미한다. 별 중에서 가장 무겁고 뜨거운, 짧은 수명의 흰색이나 푸른색 별들이 훨씬 더 많았을 것이다.

우리는 빅뱅 몇억 년 후에 이런 방식으로 태어난 최초의 별들이 '우주의 새벽'을 열었다고 믿고 있다. 천문학자들은 이 일이 일어난 정확한 시기는 아직 결정하지 못했다. 이들의 별빛을 볼 수 없기 때문이다. 이 별들은 처음에는 그들의 자외선과 가시광선 대부분을 흡수하는 고밀도 수소 원자구름에 둘러싸여 있어서 볼 수가 없다. 하지만 우리는 따뜻한 수소 그 자체에서 나오는 빛을 찾아볼 수 있다. 앞에서 언급했던 수소에서 나오는 전파와 똑같은 빛이다. 파장 21센티미터로 출발한 이 빛은 지금은 몇 미터 정도의 파장이 되었을 것이다. 이 파장은 더 초기의 암흑시대에서 나오는 전파보다는 짧고, 지구상의 전파 잡음이 없는 곳에서 관측이 가능한 신호다. 그래서 천문학자들은 서호주나 캘리포니아의 사막, 남아프리카와 같은 고립된 지역에서 이 신호를 열심히 찾고 있다. 천문학자들은 2020년대에 호주와 남아프리카에서 가동될 제곱킬로미터 배열SKA, Square Kilometer Array이 이 전파를 관측하여 만들어낼 고화질의 영상을 애타게 기다리고 있다. 그리고 달 궤도를 돌 암흑시대 전파 탐사선Dark Ages Radio Explorer이라는 새로운 위성을 보낼 계획도 가지고 있다. 달의 뒷면에 있는 동안은 인공적인 기기들의 영향을 받지 않을 수 있기 때문에 가장 초기의 수소 덩어리들에서 나오는 약한 신호를 잡아낼 수 있다.

이후 수억 년 동안 우주의 새벽이 열리고 '재이온화'라는 전환이 우주 전체에서 일어났다. 이 최초의 별들에서 나온 빛이 주위의 기체를 가열했고, 그중에서 가장 강력한 빛인

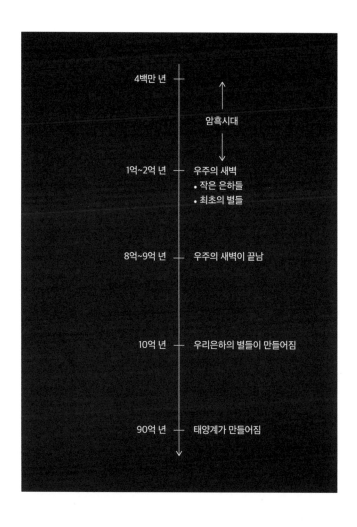

4백만 년 ───

암흑시대

1억~2억 년 ─── 우주의 새벽
• 작은 은하들
• 최초의 별들

8억~9억 년 ─── 우주의 새벽이 끝남

10억 년 ─── 우리은하의 별들이 만들어짐

90억 년 ─── 태양계가 만들어짐

그림 5.5
우주 최초 90억 년 동안의 연대기

자외선은 수소와 헬륨 원자를 원자핵과 전자로 쪼개어 이온화시킬 수 있을 정도로 충분한 에너지를 가지고 있었다. 초신성이 별 주위를 둘러싸고 있는 기체를 통과하는 길을 만들어 자외선이 빠져나가 은하들을 둘러싸고 있는 기체의 원소들을 쪼갤 수 있게 해주었다. 모든 은하 주위에서 뜨거운 기체 덩어리들이 자라나 스위스 치즈에 난 구멍처럼 우주에 퍼졌다. 이들은 수백만 년 동안 계속 자라나서 우주 전체의 모든 원자들이 원자핵과 전자로 쪼개질 때까지 퍼지고 뭉쳐졌다.

우리는 이 과정이 어떻게 일어났는지, 심지어 언제 일어났는지도 모른다. 우리가 이해하고 있는 많은 부분과 많은 가정들이 실제 관측이 아니라 컴퓨터 시뮬레이션에 기반한 것이기 때문이다. 하지만 우리는 우주가 중성에서 이온화된 우주로 바뀐 시기, 천문학자들이 '재이온화 시대'라고 부르는 시기는 빅뱅 약 5억 년 후에 시작되어서 약 9억 년 후에 끝났다고 보고 있다. 이것은 여전히 가정이지만 이렇게 판단할 수 있는 몇 가지 단서가 있다. 밝은 퀘이사들을 신호등으로 사용할 수 있기 때문이다. 은하 전체의 별들보다 밝은 퀘이사는 가장 멀리 있는, 그래서 우리가 볼 수 있는 가장 오래된 천체들이다. 1965년 미국의 천문학자 짐 건Jim Gunn과 브루스 피터슨Bruce Peterson은 퀘이사에서 오는 빛을 모든 파장의 스펙트럼으로 분해하여 퀘이사의 빛이 오는 경로에 있는 소량의 중성수소(이온화되지 않은 수소–

옮긴이)가 특정한 파장에서 빛을 차단한다는 것을 알아냈다. 재이온화 시기 이후에는 중성수소가 존재하지 않기 때문에 퀘이사의 빛이 이런 식으로 사라지는 것을 본다는 것은 재이온화 전환이 아직 완성되지 않은 시기를 보고 있다는 것을 의미한다.

그리고 빛이 중성수소에 의해 사라지지 않은 조금 더 가까이 있는 퀘이사를 발견한다면 중성수소가 남아 있지 않은, 우주가 재이온화된 직후에 빛이 출발한 천체를 보고 있다는 것을 알 수 있다. 천문학자 로버트 베커Robert Becker가 이끄는 캘리포니아대학의 연구팀은 바로 이런 퀘이사를 찾기 위하여 슬론 디지털 스카이 서베이 자료를 이용하였다. 2001년 이들은 빛이 중성수소와 상호작용한 흔적이 분명한 최초의 퀘이사를 발견했다. 이들은 퀘이사에서 온 빛의 적색이동, 그러니까 빛의 파장이 출발해서 지구에서 측정될 때까지 얼마나 길어졌는지를 측정하여 이 빛이 빅뱅 약 9억 년 약간 전에 출발했다는 것을 알아냈다. 천문학자들은 이 시대 조금 후의 퀘이사에서 오는 빛에는 중성수소와 상호작용한 흔적이 없다는 것도 알아냈다. 이 선이 우리의 우주 연대기에서 중요한 지점이 되는 재이온화의 끝으로 보인다.

우리 우주의 일생 초기 부분에는 아직도 많은 의문이 있다. 우리는 아직도 우주의 새벽이 언제 시작되었고 수억 년 동안 어떻게 진행되어 왔는지 정말 궁금하다. 전파로 중성

수소를 관측하여 별빛을 간접적으로 보는 것뿐만 아니라, 2021년에 발사되어 허블 우주망원경의 뒤를 이을 제임스 웹 우주망원경으로 이런 멀리 있는 퀘이사들을 더 많이 발견하기를 기대하고 있다. 제임스 웹 우주망원경은 수 년 동안 설계와 제작이 이루어지고 있는, 수십억 달러 비용이 드는 기념비적인 새 위성으로, 많은 연구 목표를 가지고 있다. 이 망원경의 거울은 지름이 6미터가 넘어서 성능이 엄청나게 좋지만 안타깝게도 발사 로켓에 싣기에는 너무 크다. 그래서 거울은 조각으로 만들어져 발사된 후 펼쳐질 예정이다. 과학자들과 공학자들에게는 무척 초조한 순간이 될 것이다.

제임스 웹 우주망원경의 거울은 허블 우주망원경의 거울보다 면적이 7배나 넓고, 망원경을 차갑게 유지시켜주는 테니스장 크기의 태양 방패 안에 놓일 것이다. 이것은 지구에서 160만 킬로미터를 날아서 태양 주위를 도는 안정된 지점으로 갈 것이고, 파장이 긴 붉은색 쪽의 가시광선뿐만 아니라 적외선도 관측할 것이다. 최초의 퀘이사와 은하들에서 나온 자외선은 130억 년이 넘는 시간 동안 우주를 날아오면서 파장이 몇 배나 더 길어져서 여기 지구에는 적외선으로 도착할 것이다. 제임스 웹 망원경은 드디어 이 빛을 볼 수 있을 것이다.

좀 더 시간이 지나서 우리 우주가 10억 년이 되었을 때

은하의 내부와 주위에 있던 기체는 가열이 되었고 작은 은하들은 서로 뭉쳐서 더 큰 은하가 되기 시작했다. 이것도 역시 무거운 지역들을 서로 끌어당기고 충돌시켜 새롭게 더 큰 물체를 만드는 중력의 효과였다. 이들은 오늘날 우리가 알고 있는 은하라고 볼 수 있는 최초의 천체들이었고, 여기에는 우리은하를 만드는 은하들도 포함되어 있었다. 우리는 우리은하의 일부가 이 시기에 분명히 있었다는 사실을 알고 있다. 우리은하에는 나이가 최소 130억 년인 별들이 있기 때문이다. 우주의 나이는 약 140억 년이기 때문에 우리은하에 있는 이런 고대의 별들은 이 최초 은하들의 일부였던 것이 분명하다.

우리은하가 어떻게 만들어졌는지 아는 것은 천문학자들에게 매우 중요하고 흥미로운 일이지만 지금까지는 그 그림을 아주 일부밖에 그려내지 못하고 있다. 우리는 절대 과거로 돌아가서 우리은하의 예전 모습을 볼 수 없다. 우리가 관측하는 우리은하 안에 있는 별에서 온 빛은 길어야 최대 10만 년 전에 출발한 것이다. 가장 좋은 대안은 수백만 년에서 수십억 년 전에 빛이 출발한 멀리 있는 은하들을 관측하여 거기에서 무슨 일이 있어났는지 알아보는 것이다. 이런 관측과 그때 일어난 일을 알아보기 위한 컴퓨터 시뮬레이션을 이용하여 우리는 우리은하가 과거에 더 작은 은하들이 합쳐져서 만들어졌다는 것을 꽤 확신하게 되었다. 움직이는 물체가 서로를 향해 다가가서 합쳐지면 대체로 회전하는 더 큰 물체가 만들어진다. 우리은하가 만들어질 때 합쳐진 작은 은하들의, 별·기체·먼지로 이루어진 눈에 보이는 부분은 회전하는 원반으로 뭉쳐졌고, 보이지 않는 암흑물질은 계속 더 구형이 되었다. 우리는 약 30억 년이 더 지난 후에 우리은하가 지금 크기와 비슷해지고 나선 팔이 자리 잡았을 것이라고 생각하고 있다. 그때 우주의 나이는 약 40억 년이 되었을 것이다. 우리은하는 지금도 계속 커지고 있다. 중력으로 이웃의 왜소은하들을 끌어당겨 병합하고 있기 때문이다. 우리의 가장 가까운 두 이웃인 대마젤란은하와 소마젤란은하도 약 30억 년 내에 우리은하와 결합하여 우리은하의 일부가 될 것으로 보인다.

우리은하에 있는 대부분의 별들은 우리은하의 나이가 겨우 몇십억 년일 때, 우리은하가 처음으로 지금의 크기가 되었을 때 만들어졌다. 당시는 새로운 별들이 태어나기에 이상적인 환경이었다. 은하가 합쳐지면서 기체 구름들이 대규모로 충돌했기 때문이다. 지금 우리은하는 상대적으로 활동이 별로 없고, 새로운 별들은 아주 천천히 태어난다. 이미 존재하는 1천억 개의 별들 사이에서 매년 겨우 몇 개의 새로운 별이 만들어질 뿐이다. 가장 활동적일 때는 매년 몇백 개의 별들이 만들어졌을 것이다.

우리 태양은 우주의 나이가 약 90억 살일 때 만들어졌다. 별 탄생 활동이 최대이던 시기가 끝나갈 때였다. 별들의 나선 팔 깊숙한 곳에 있는 기체 구름을 생각해보면 태양은 먼지 원반이 주위를 도는 별로 생을 시작했을 것이다. 1장에서 보았듯이 행성과학자들은 태양계 행성들이 그 먼지 구름에서 만들어졌다고 생각한다. 암석들이 뭉쳐서 더 큰 바윗덩어리가 되고, 작은 원시행성이 스스로 당기는 중력을 가지게 된 다음 점점 커졌을 것이다. 우리는 우리은하의 역사를 볼 수 없는 것처럼 우리 태양계가 어떻게 만들어졌는지도 볼 수 없다. 대신 우리는 다른 별 주위의 행성계들이 어떻게 만들어지는지 관측하여 컴퓨터 시뮬레이션으로 우리 태양계에서 일어난 일을 유추해볼 수 있다.

우리은하는 표준적인 나선형 은하의 역사를 가지고 있다. 타원형이나 구형 은하들보다 덜 파괴적인 과거를 가지고 있다는 말이다. 타원형이나 구형의 은하는 둘 이상의 비슷한 크기의 나선 은하들로 시작되었다고 우리는 알고 있다. 어떤 순간에 이 은하들은 극적으로 충돌하여 천문학자들이 '대규모 병합'이라고 부르는 과정을 겪었을 것이다. 이런 규모의 은하 충돌은 그 은하 안에 살고 있는 작은 관측자들에게는 신기하게도 별 감흥이 없는 경험이었을 것이다. 지금 당장 우리은하가 다른 은하와 충돌을 한다 하더라도 우리는 아마 그 효과를 느끼지 못할 것이다. 우리 태양계는 전체 은하에 비하면 너무나 작고 별들 사이의 간격은 너무나 넓기 때문이다. 두 은하가 충돌하면 지구의 관측자는 밤하늘이 아름답게 변하는 것은 알아차리겠지만 별이 서로 충돌하는 사건을 기대할 수는 없을 것이다. 태양 주위

그림 5.6
나선 은하들이 충돌하여 더 큰 타원 은하가 만들어진다.

를 농구 코트 안에 넣으면 우리 태양계 전체는 소금 한 알 크기밖에 되지 않았다는 것을 기억하라. 엄청난 공간에 비하면 거의 무시할 만한 크기다.

은하들의 충돌이 개개의 별들에게—혹은 암흑물질이 작은 입자들로 이루어져 있다면 암흑물질에게—즉각적인 효과를 일으키지는 않지만 효과가 있긴 있다. 별들 사이를 메우고 있는 기체와 먼지는 별들보다 더 엷고 균일하게 퍼져 있고, 충돌하는 은하의 기체 구름들은 서로 합쳐져서 새로운 별이 탄생하는 요람이 되어 많은 새로운 별과 행성을 만들어낸다. 사용할 수 있는 기체의 공급이 더 이상 없기 때문에 새로 만들어진 거대 은하들에서는 처음에 폭발적인 별 탄생 이후에는 새로운 별이 거의 만들어지지 않는다.

서로에게 다가가는 은하의 중력은 상대의 정교한 균형도 무너뜨리고 은하의 나선 원반에 있는 별들을 원래의 궤도를 벗어나게 하여 임의의 궤도로 보내버린다. 결과적으로 은하들의 나선 모양은 사라지고 합쳐진 은하는 럭비공이나 엠앤엠즈 초콜릿 같은 모양이 된다. 정확한 모양은 충돌하는 은하들의 원래 크기와 충돌할 때 움직이는 방향에 의해 결정된다. 천문학자들은 컴퓨터 시뮬레이션으로 충돌하는 나선 은하들이 만들어내는 결과를 예측하여 언제나 둥근 형태의 은하가 만들어진다는 것을 알아냈다.

우리는 허블 우주망원경이나 칠레와 하와이에 있는 대형 광학망원경으로 이렇게 충돌하는 과정에 있는 나선 은하들의 멋진 사진을 많이 얻을 수 있다. 완벽한 나선 은하들이 이웃 은하들과의 상호작용으로 막 뒤틀리기 시작하는 모습도 흔히 볼 수 있다. 그 광경을 어떤 천문학자가 한참 뒤에 다시 본다면 나선 은하들은 사라지고 구형의 은하 하나만 남아 있을 것이다. 이와 같은 병합은 바로 우리의 운명이기도 하다. 우리은하는 우리의 이웃 안드로메다은하와 충돌하는 경로에 있기 때문이다. 우리 미래의 짝은 우리보다 크지만 그렇게 많이 크지는 않다. 그래서 약 40억 년 후에 충돌을 하면 새로운 타원형의 대형 은하가 만들어질 것이다.

우리가 간절하게 기다리는 신호는 은하들의 중심에 있는 거대한 블랙홀들에서 와야 한다. 질량이 태양의 수백만에서 수십억 배나 되는 이 블랙홀들은 은하들이 병합될 때 서로 병합되어 새로운 초은하의 중심에서 더 큰 블랙홀을 만든다. 블랙홀들이 병합할 때 2장에서 살펴본 시공간의 물결인 중력파가 만들어진다. 멀리 있는 거대한 두 블랙홀이 병합할 때 나오는 중력파는 우리은하를 지나가면서 시공간을 팽창시켰다가 수축시키기를 반복할 것이다.

우리는 이것을 어떻게 감지할 수 있을까? 이런 거대 블랙홀들이 병합되기 전 서로의 주위를 돌 때의 거리는 하나의 별에서 만들어진 블랙홀들 사이의 거리보다 훨씬 더 멀기 때문에 라이고 장비로는 이런 중력파를 관측할 수 없다. 대신 천문학자들은 우리은하의 펄서를—조셀린 벨 버넬이 발견한 빠르게 회전하는 중성자별들을—지켜보고 있다.

천문학자들은 전파망원경을 이용하여 1초에 수백 회를 회전하는 펄서가 규칙적으로 내는 신호를 측정한다. 중력파가 지나가면 시간 자체가 잠시 다르게 흘러간다. 그 효과는 신호가 지속되는 시간을 늘리거나 줄인다. 그러므로 우리 은하에 퍼져 있는 펄서들의 신호 시간의 변화를 찾는 것이 목표가 된다. 이 일은 국제 펄서 시간측정 배열International Pulsar Timing Array을 이용하여 북아메리카, 유럽, 오스트레일리아 천문학자들로 이루어진 팀에 의해 이루어지고 있다.

이들은 푸에르토리코에 있는 지름 300미터의 거대한 아레시보 망원경, 미국 웨스트버지니아의 100미터 그린뱅크 망원경, 영국 조드렐 뱅크의 80미터 러벨 망원경, 오스트레일리아의 64미터 파커 망원경을 포함한 전 세계의 전파망원경을 이용하고 있다. 약 60개의 잘 연구된 펄서를 주의 깊게 추적하고 있고, 앞으로 10년 이내에 그 거대 블랙홀들에서 오는 신호를 발견하기에 충분한 감도를 가지게 될 것이라고 기대한다.

이제 이런 병합되는 은하들을 벗어나 좀 더 넓은 시야로 약 140억 년 우주의 역사 동안 만들어지고 진화해온 우주 전체의 그물망을 살펴보자. 우리는 은하의 가장 이른 시기에서부터 중력이 어떻게 이웃 은하들을 서로 끌어당겨 최초의 은하군과 은하단을 만드는지, 또 암흑물질의 연결망은 어떻게 밀도가 높은 지점과 필라멘트, 그리고 그 사이의 빈 틈새를 만드는지를 볼 수 있다. 하지만 모든 은하가 병합되는 것은 아니다. 4장에서 살펴본 것처럼, 가까이 있는 은하들은 서로에게 다가가지만 우주의 팽창은 은하들을 서로 멀어지게 만들기 때문에 은하들은 시간이 지나면서 점점 멀어진다.

아주 최근까지도 천문학자들은 중력이 우주의 팽창을 늦출 것이라고 생각했다. 이 가정은 우주의 팽창을 시작하게 만든 과정은 오래전에 멈추었을 것이라는 생각에 바탕을 둔 것이었다. 만약 그렇다면 보이는 물질이든 보이지 않는 물질이든 물질의 중력이 공간을 밀어내기보다는 수축시키는 쪽으로 작용할 것이다. 그러므로 우주의 팽창은 느려질 것이다.

여기에 자주 사용되는 비유는 공을 공중으로 던지는 것이다. 처음에 위로 향하는 속력을 준 다음에 그것을 중력에게 맡기는 것이다. 이후에 일어나는 일은 공을 던진 속력으로 결정된다. 현실에서는 항상 공의 속력이 느려지다가 멈춘 후 다시 지구로 떨어진다. 그런데 공을 충분히 세게 던졌을 때 속력은 계속 느려지지만 다시 떨어지지는 않고 우주로 날아가는 경우를 상상해볼 수 있다. 공의 속력을 늦추고 다시 떨어지게 하는 것은 공을 당기는 지구의 중력이다. 지구의 질량이 훨씬 더 작다면 공이 중력의 영향을 벗어나 지구로 다시 떨어지지 않도록 하기 더 쉬울 것이다. 이 현상을 우주에 대입해보면 공을 던지는 것은 빅뱅 때 우주가 팽창을 시작하는 것과 비슷하다. 공의 속력은 우주의 팽창 속력이 된다. 공이 방향을 바꾸어 다시 떨어지는 것은 우주가 수축하기 시작하는 것과 같다. 공을 당기는 지구의 중력은 팽창을 늦추는 우주 물질 전체의 중력이 된다.

20세기 후반 천문학자와 물리학자들이 가졌던 가장 큰 의문 중 하나는 우주의 물질이 팽창을 완전히 멈출 정도의 중력을 가질 만큼 밀도가 충분한가 하는 것이었다. 만일 그렇다면 우주의 팽창은 단지 멈출 뿐만 아니라 상황이 역전될 것이다. 은하들이 서로를 향해 움직이기 시작하고 언젠가 먼 미래에는 우주 전체가 무한히 밀도가 높은 한 점으로 모이는 빅 크런치가 일어나게 될 것이다. 이 아이디어는 우주가 순환한다는 것을 의미하기 때문에 꽤 설득력이 있다. 빅뱅과 빅 크런치를 가지는 우주는 같은 과정을 반복할 수 있다. 팽창과 수축을, 밖에서 안으로, 그리고 이것을 반복하면서 말이다. 순환 과정은 자연 어디에나 존재하고 인간은 이것을 쉽게 받아들인다.

우주의 팽창을 멈출 정도로 충분한 질량이 있는지 알아내는 첫 번째 작업은 우주 전체에 물질이 평균적으로 얼마나 있는지 조사하는 것이다. 4장에서 살펴본 것처럼 더 많은 물질이 별, 기체, 먼지, 암흑물질의 형태로 있으면 우주의 밀도가 더 높아지고 우주의 팽창을 늦추는 중력이 더 커진다. 평균적으로 더 밀도가 낮고 가벼운 우주는 팽창을 늦추기가 더 어려워 팽창을 조금밖에 늦추지 못한다. 우주의 팽창 속도를 늦추어 팽창을 멈추기에는 충분하지만 팽창을 역전시키기에는 충분하지 않은 정도의 물질의 양을 '임계밀도'라고 한다. 임계밀도를 가진 우주는 4장에서 본 종이 표면의 3차원 버전처럼 곡률이 평평하기도 하다. 그런 우주에서 빛은 평행하게 움직인다.

천문학자들과 물리학자들은 우주의 임계밀도는 한 모서리의 길이가 1미터인 정육면체 공간에 약 6개의 수소 원자가 있는 정도와 같다는 것을 알아냈다. 이보다 밀도가 높은 우주는 결국에는 빅 크런치로 수축할 것이다. 이보다 가벼운 우주는 점점 느려지긴 하지만 영원히 팽창할 것이다. 2000년대 초까지 학교와 대학에서는 이러한 가능성을 표준으로 가르쳤다. 필요한 것은 우주에 있는 모든 것의 평균 밀도가 얼마나 되는지 알아내는 것뿐이었다.

1990년대까지는 우리 우주가 정확하게 균형 잡힌 임계밀도를 가지고 있을 것이라는 아이디어가 인기를 끌었다. 인기 있는 인플레이션 이론이 대체로 그렇게 예측했기 때문이다. 이것은 이론적으로 여러 면에서 그럴듯했다. 하지만 뭔가 부족해 보이는 것도 분명했다. 영국의 천문학자 조지 에프스타시오와 스티브 매덕스Steven Maddox를 비롯한 동료들은 1990년 자동 건판 측정 서베이Automated Plate Measuring survey를 이용하여 하늘의 10분의 1에 해당하는 영역에서 찍힌 은하 2백만 개의 위치를 연구하여 우주의 평균 밀도가 임계밀도의 절반보다 작다는 결론을 내렸다. 우주의 나이가 이해되지 않는다는 흥미로운 관측 결과도 있었다. 천문학자들이 보기에 우주의 팽창 속도는 빅뱅이 100억 년 이내에 일어난 것처럼 보였다. 별들의 나이를 보면 120억 년보다 나이가 많은 별이 있는 것이 분명했는데 말이다.

1990년대 말 4장에서 살펴본 두 우주배경복사 풍선 실험이 우주에 있는 물질의 양을 더 정확하게 측정할 준비를 하고 있었다. 이들이 자료를 모으기 전에 다른 두 팀의 천문학자들이 멀리 있는 밝은 Ia형 초신성을 관측하여 흥미로운 결과를 발표했다. 이 초신성은 1장에서 살펴본 종류다. 백색왜성이 이웃 별에서 질량을 얻어서 만들어져 우주의 가장 먼 거리를 측정하는 데 사용되는 경우가 있는데, 그때처럼 특별한 별이다. 두 팀은 정밀한 망원경을 이용하여 1990년대 동안 이 초신성들을 경쟁적으로 관측했다. 그 중 한 팀은 높은 적색편이 초신성 탐사 팀High-z Supernova Search Team으로, 오스트레일리아 스트롬로산Mount Stromlo 천문대의 브라이언 슈밋Brian Schmidt이 이끌었다. 20명의 천문학자로 이루어진 이 팀은 칠레의 4미터 블랑코 망원경으로 우주의 나이가 현재의 절반이었던 약 70억 년 전에 빛이 출발한 초신성들을 발견하였다. 두 번째 팀은 초신성 우주론 프로젝트Supernova Cosmology Project 팀으로 캘리포니아대학 버클리의 솔 펄머터Saul Perlmutter가 이끌었고, 칠레와 카나리 제도에 있는 망원경을 이용하여 초신성을 발견하였다. 그들은 허블 우주망원경과 지상에 있는 가장 큰 망원경인 하와이의 10미터 켁 망원경을 사용하여 초신성을 확인하였다.

두 팀은 이 초신성들로 물질의 양을 측정하기보다는 우주의 팽창 속도가 얼마나 느려졌는지 측정하는 것을 목표로 했다. 4장에서 우리는 모든 은하들은 전체적으로 서로 멀어지고, 멀리 있는 은하일수록 더 빠른 속도로 멀어진다는 허블의 법칙(2018년 국제천문연맹은 이를 허블-르메트르의 법칙으로 바꾸어 부르기로 결정했다 - 옮긴이)을 살펴보았다. 팽창 속도는 단순히 특정한 거리에 있는 은하들이 얼마나 빠르게 멀어지고 있는지를 측정하면 된다. 우리는 초신성의 밝기와 처음 폭발 이후 밝기가 어떻게 변하는지를 이용하여 거리를 구할 수 있고, 초신성 빛의 적색이동을 이용하여 속도를 구할 수 있다. 우주의 팽창이 얼마나 느려졌는지를 알아내기 위해서는 아주 멀리 있는 은하들의 팽창 속도와 가까이 있는 은하들의 팽창 속도를 비교해보면 된다. 아주 멀리 있는 은하에서 나온 빛은 아주 오래전에 출발했기 때문에 과거의 팽창 속도를 알려준다. 가까이 있는 은하에서 온 빛은 더 최근에 출발했기 때문에 '현재'의 팽창 속도를 알려준다.

두 초신성 관측 팀은 과거의 팽창 속도가 더 빨랐을 것이라고 예상했다. 거의 모든 사람들이 우주의 팽창은 느려졌을 것이라고 생각했기 때문이다. 궁금한 것은 그저 얼마

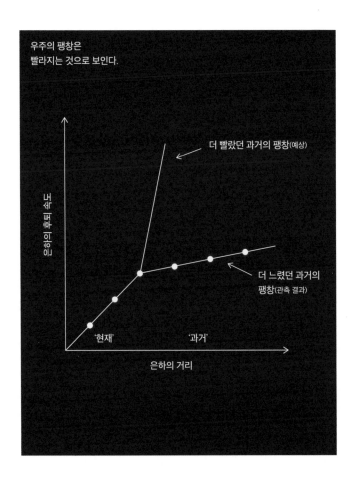

그림 5.7

우주의 팽창이 빨라지는 것을 어떻게 발견했는지 보여주는 그림. 멀리 있는 은하가 멀어지는 속도는 과거의 팽창 속도를 알려주고, 가까이 있는 은하들은 현재의 팽창 속도를 알려준다.

307

만큼 느려졌느냐 하는 것이었다. 그들이 발견한 사실은 너무나 놀라웠다. 자신들의 자료를 주의 깊게 살펴본 두 팀은 같은 결론에 도달했다. 그들은 우주의 팽창 속도가 과거에 더 빠르지 않았고, 명백히 더 느렸다는 사실을 발견했다. 우주의 팽창은 더 빨라졌다. 이것은 공중으로 던진 공이 점점 느려져 정지했다가 다시 떨어지는 대신 점점 더 빨라져 지구를 벗어나는 것만큼이나 이상한 일이었다.

두 팀은 1998년 자신들의 결과를 발표했고 천문학계는 흥분했다. 이것은 정말 놀라운 발견이었다. 그때까지 우주를 설명하는 것 중에서는 우주의 팽창 속도를 빠르게 만들 수 있는 것이 아무것도 없었기 때문이다. 사실, 거의 아무것도 없었다. 우리가 우주에서 만들어낸 모든 것, 즉 보통의 원자들, 암흑물질, 중성미자 혹은 빛 모두 우주의 팽창을 늦추는 중력을 가지고 있다. 우주를 팽창시킬 수 있는 유일한 것은 람다λ라고 알려진 아인슈타인의 이상한 우주상수 뿐이었다. 이것은 원래 우주가 팽창하거나 수축한다는 결론을 피하기 위해 안으로 당기는 중력과 균형을 맞추려고 아인슈타인이 자신의 일반상대성이론 방정식에 억지로 집어넣은 항이었다. 그는 에드윈 허블의 먼 은하 관측 결과를 본 후 바로 이것을 철회했다.

초신성을 이용한 발견 몇 년 전에 케임브리지의 조지 에프스타시오를 포함한 몇몇 천문학자들은 아인슈타인의 상수를 부활시키는 실험을 했다. 이것은 모든 관측 결과를 더 잘 설명했지만 모든 사람들이 그 아이디어에 동의하지는 않았다. 이제는 새로운 초신성 관측 결과가 있기 때문에 이 아이디어도 천문학계에 더 폭넓게 받아들여지고 있다. 아인슈타인의 상수가 다시 돌아왔다. 이 상수는 빈 공간 자체에서 나오는 에너지를 의미한다. 텅 빈 것처럼 보이는 공간도 '진공에너지'라고 부르는 에너지를 얼마만큼 가지고 있을 수 있다. 이 에너지는 공간을 더 빠르게 팽창시키는 성질을 가지고 있다. 이것은 최초의 우주 팽창을 일으킨 에너지와 비슷하게 행동한다.

초신성 관측 팀들의 결과에 따르면 현재 우주 전체 에너지의 약 3분의 2가 이 진공에너지로 이루어져 있는 것처럼 보인다. 여기에 보통물질과 암흑물질을 더하면 우주 전체 물질 혹은 에너지의 합은 정확하게 우주의 곡률을 평평하게 만드는 임계밀도가 된다. 이것이 우주 퍼즐의 잃어버린 조각이었다. 그림이 완전해지기 시작했다(초신성 관측으로 우주의 팽창 속도가 점점 빨라진다는 것을 처음으로 알아낸 두 팀의 과학자 솔 펄머터, 브라이언 슈밋, 애덤 리스Adam Riess는 2012년 노벨 물리학상을 수상했다 - 옮긴이).

그 결과가 발표된 후인 1998년 10월 짐 피블스와 미국의 우주론 학자 마이크 터너Mike Turner는 1920년 할로 섀플리와 히버 커티스 사이에 있었던 대논쟁을 재현했다. 논쟁은 그때와 같은 장소인 워싱턴 DC의 스미소니언 자연사박물관에서 이루어졌고, 그 주제는 '대논쟁: 우주론은 해결되

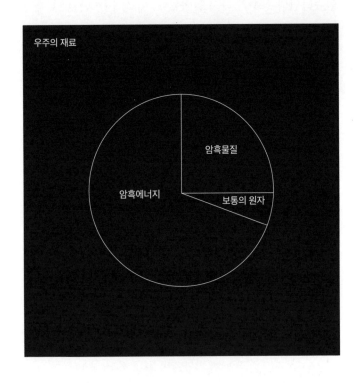

그림 5.8
지금의 우주를 구성하고 있는 재료들

었는가?'였다. 마이크 터너의 답은 '그렇다'였다. 우주론은 해결되었다. 아인슈타인의 상수는 돌아왔고 우주의 밀도는 임계밀도와 같다. 짐 피블스의 답은 '아니오'였다. 아인슈타인의 우주상수가 정말로 필요하다고 확신하기 위해서는 더 많은 연구와 관측이 필요하다는 것이었다(짐 피블스는 우주론 여러 분야에서의 다양한 공로를 인정받아 2019년 노벨 물리학상을 수상했다 – 옮긴이).

우주배경복사 풍선 관측 결과는 곡률이 평평한 우주를 뒷받침했고, 2003년 코비COBE 위성의 후계자인 나사의 윌킨슨 우주배경복사 비등방 탐사선WMAP[더블유맵], Wilkinson Microwave Anisotropy Probe은 더 많은 증거를 제공해주었다. 더블유맵은 우주배경복사를 훨씬 더 정밀하게 관측하도록 설계되고 프린스턴대학의 물리학자 데이비드 윌킨슨의 이름이 붙여진 위성이었다. 그는 1965년 밥 디키Bob Dicke(로버트 디키)와 함께 우주배경복사를 관측했고 더블유맵 임무에서 중심적인 역할을 했지만 더블유맵이 하늘을 관측하고 있던 2002년에 사망했다. 고다드 우주 비행 센터의 찰스 베넷Charles Bennett이 이끄는 더블유맵 연구팀은 우주배경복사에서 보이는 미묘한 온도 변화는 우주가 암흑물질과 진공에너지를 모두 가지고 있어야만 설명이 된다는 결론을 내렸다. 그들은 진공에너지가 현재 우주에 있는 전체 에너지의 약 3분의 2를 차지한다는 것도 알아냈다.

불과 몇 년 사이에 새로운 현실이 드러났다. 우리 우주는 점점 빠르게 팽창하고 있고 우주의 일생 중 최근 3분의 1 기간 동안에는 바로 이 진공에너지, 혹은 우주 상수가 전체 에너지를 지배했다. 천문학자들은 이것을 마이크 터너가 붙인 이름인 '암흑에너지'라고도 부른다. 우리는 이것이 순수한 진공에너지인지 아니면 뭔가 다른, 우주의 새로운 재료인지 완전히 알지 못하기 때문이다. 암흑에너지는 이 가속 팽창하는 우주를 설명할 수 있는 뭔가를 가리키는 더 포괄적인 이름이다.

암흑에너지에 대한 이론적인 문제 중 하나는 에너지의 양이다. 이것은 이해가 되지 않는다. 빈 공간이 그 자체의 에너지를 가질 수 있는 이유에 대해 가능한 설명은 양자역학 법칙에 따라 입자들이 빠르게 만들어졌다가 사라지는 과정과 관련이 있다. 하지만 이 설명에 따르면 우리 우주는 완전히 이 진공에너지의 지배하에 있거나 아니면 그 효과가 0이 되어야 한다는 결론이 나온다. 이것이 우주를 구성하고 있는 에너지의 양을 설명하는 데 있어서 왜 눈에 보이거나 보이지 않는 물질과 같은 수준으로 중요하게 다루어져야 하는지를 설명하는 적당한 이론은 아직 없다. 이것은 정말 크고 중요한 문제다.

하지만 이것의 존재에 대해 너무 걱정할 필요는 없다. 암흑에너지는 우리 태양계 정도에서만이 아니라 우리은하 내에서도 뚜렷한 효과가 드러나지 않는다. 이것은 큰 은하단들이 서로 뭉치는 것을 방해하는 것 같은 간접적인 효과를 준다. 암흑에너지는 우주를 더 빠르게 팽창시키는 경향이 있는데, 이는 중력이 점점 더 큰 구조를 만드는 것을 방해하기 때문이다. 우리에겐 마치 그 대상이 무엇인지 모르기 때문에 신경 쓰이는 가려움처럼 느껴진다. 우주에 관한 모든 개념과 그것을 설명하는 물리법칙이 더 큰 측면에서 어딘가 잘못되었다는 표시일 수도 있기 때문이다. 몇몇 물리학자들은 아인슈타인의 중력 법칙이 완벽하지 않을 가능성, 즉 이를테면 중력이 아주 약할 때에는 그 법칙에 약간의 수정이 필요할 가능성에 대해 연구하고 있다. 이렇게 일부 수정을 하면 암흑에너지의 효과를 재현할 수 있다.

이런 문제들을 해결하기 위해 2020년대에는 강력한 프로그램들이 준비되고 있다. 우주가 지금까지의 시간 동안 얼마나 빠르게 팽창해왔고 우주의 구조들은 얼마나 빠르게 성장해왔는지 더 정확하게 측정하는 프로그램이다. 이 탐험을 위해 준비되고 있는 망원경 중 하나는 2021년 가동을 목표로 칠레에 건설되고 있는 거대 광시야 서베이 망원경 LSST, Large Synoptic Survey Telescope(이 망원경은 은하의 회전 속도를 측정하여 암흑물질의 존재를 예측한 여성 천문학자의 이름을 따 베라 루빈 망원경이라고 부르기로 했다 – 옮긴이)이다. LSST는 정말 거대한 망원경이다. 망원경의 높이는 5층 건물 높이 정도고 빛을 모으는 거울의 지름은 8미터다. 이 망원경의 카메라는 가시광선을 관측하고, 크기는 자동차 정도이며, 하나의 디지털 카메라로는 사상 최대인 30억 픽셀을 구현하게 된다. 이 거대한 망원경은 며칠에 한 번씩 칠레에서 보이는 하늘 전체를 관측하여 수십억 개의 은하들을 보게 될 것이다. 이것은 암흑에너지가 무엇인지 이해하는 데뿐만 아니라 거대한 별의 폭발과 같이 하늘에서 일어나는 변화를 포착하는 데에도 매우 귀중한 역할을 할 것이다. 이것은 우리가 우리 우주를 더 잘 이해하는 데 도움을 줄 것이다.

우리가 관측한 하늘은 모두 시간 속에서 우리의 현재를 이야기해준다. 여기 지구에 있는 인류는 약 140억 년 우주의 역사와 태양계의 역사 약 50억 년 속에 있다. 우리는 이제 우리 지구가 언제 어떻게 여기에 있게 되었는지 잘 이해하고 있다. 하지만 미래에는 어떤 일이 일어날까를 궁금해하는 것 역시 우리의 본성이다. 다행히도 물리학 법칙들은 우리가 좋은 예측을 할 수 있을 정도로 충분히 유용하다. 우리는 몇 가지에 대해서는 꽤 확신할 수 있다. 앞으로 백여 년 이내에 우리은하 안에서 초신성 하나가 폭발할 것이다. 이것은 멋진 광경뿐 아니라 이런 폭발하는 별들의 내부 상황을 이해하는 데 아주 소중한 자료도 제공할 것이다. 앞으로 몇십만 년 이내에 오리온자리의 붉은 별 베텔게우스 역시 초신성이 되어 며칠 혹은 몇 주 동안 하늘을 밝힐 것이다. 우리의 운 좋은 후손들은 이 광경을 볼 수 있을 것이다.

약 2억 년 후에는 태양계가 우리은하 궤도를 한 바퀴 돌 것이다. 그때쯤이면 지구 밤하늘의 익숙한 별자리들이 바꿀 것이다. 우주 이웃의 상당수는 여전히 우리 근처에 있겠지만 태양과 이 이웃 별들과의 상대적인 위치는 그대로 유지되지 않을 것이다. 그 시간 이내에 지구가 태양계를 돌아다니는 큰 암석 천체와 충돌하는 일도 충분히 가능하다.

더 나아가 약 40~50억 년 후면 우리 태양 중심부의 연료가 모두 소진되어 태양이 적색거성으로 커질 것이다. 태양은 백색왜성으로 일생을 마칠 것이다. 그 비슷한 시기에 우리은하는 마젤란 성운들을 삼키고 안드로메다은하와 충돌하여 새로운 타원 은하가 될 것이다. 지구는 안드로메다은하와의 충돌에는 거의 영향을 받지 않겠지만 커지는 태양에게는 큰 영향을 받을 것이다. 지구는 커진 태양에 삼켜지거나 위험하게 태양의 가장자리 가까이 있게 되어 생명체가 살기 어려운 곳이 될 것이다. 심지어 이미 그 전에 태양은 일생 동안 더 뜨거워져서 지구는 생명체가 살기에 좋지 않은 곳이 될 것이다.

훨씬 더 먼 미래에도 우주가 계속 팽창할지 우리는 아직 알지 못한다. 현재로서는 그럴 것 같다. 모든 은하들이 서로 점점 더 멀어질 것이다. 아주 먼 미래에는 우리은하 같은 은하에 있는 천문학자가 다른 은하를 전혀 보지 못하게 될 수도 있다. 우주가 점점 더 빠르게 팽창하여 모든 은하들이 우주의 지평선 너머로 사라져버릴 것이기 때문이다. 다행히 아직 그 시간은 오지 않았고, 은하들은 우리가 볼 수 있는 범위에 있다.

앞을 내다보며

우리 천문학계는 우리 우주와 그 속에 있는 우리의 위치를 이해하는 데 엄청난 진보를 이루었다. 불과 한 세기 전만 하더라도 우리는 우리은하 밖에 다른 은하들이 있는지, 별이 어떻게 빛을 만들어내는지, 우주가 팽창하고 있는지 알지 못했다는 사실을 생각해보면 정말 놀라운 일이다. 심지어 우주의 나이, 다른 별 주위를 도는 행성계, 우주의 기본 재료와 같은 기본적인 개념에 대한 이해는 지난 20년 동안에야 달라졌다. 우리는 이제 최초의 순간부터 약 140억 년 동안 일어난 우주의 변화를 추적하고 은하와 별과 행성들이 어떻게 존재하게 되었는지 이해할 수 있게 되었다. 우주의 물질들이 어떻게 작동하는지에 대한 우리의 이해는 크게 발전하여 천문학은 주로 경험적인 관측을 바탕으로 하는 과학에서 물체의 물리적인 운동에 대한 더 깊은 이해와 하늘에서 우리가 보는 현상들을 기반으로 하는 과학으로 진화했다.

지금은 호기심과 가능성으로 가득 찬 천문학의 황금기다. 가장 흥분되는 것 중 하나는 의심할 여지 없는 새로운 발견이 바로 눈앞에 있다는 것이다. 새로운 행성들의 발견은 계속될 것이고, 아마도 조만간 외계생명체의 존재 가능성을 보여주는 신호를 발견할 수도 있을 것이다. 앞으로 몇 년 동안 우리는 분명히 충돌하는 블랙홀이나 중성자별에서 오는 중력파 신호를 더 많이 관측하여 우주를 이해할 수 있는 새로운 방법을 얻게 될 것이다. 우리는 조만간 보이지 않는 암흑물질 입자가 정말로 무엇인지 알아내기를 희망한다. 그리고 앞으로 몇 년 이내에 우주에서 처음으로 만들어진 은하들을 보게 되기를 기대한다.

이런 발견들은 훌륭한 새 망원경들과 계속 발전하고 있는 컴퓨터 성능 덕분에 가능해지고 있다. 다음 10년을 위해 준비되고 있는 망원경들은 모든 파장의 빛뿐만 아니라 중력파까지 관측할 것이고, 넓은 하늘 전체뿐만 아니라 특정한 천체들을 높은 정밀도로 관측할 것이다. 대표적인 것들로는 전파를 관측할 제곱킬로미터 배열, 적외선을 관측할 제임스 웹 우주망원경, 가시광선으로 하늘의 지도를 그릴 LSST 등이 있다. 여기에서 얻은 자료를 설명하기 위하여 컴퓨터는 속도와 용량이 계속해서 증가할 것이고, 이는 우주와 우주 안의 물질들에 대한 더 정확한 시뮬레이션을 가능하게 만들 것이다.

하지만 바로 눈앞에 목적지가 보이는 발견들만 있는 것은 아니고, 시간이 훨씬 더 많이 걸릴 일들도 있다. 생명체가 살기에 적합한 행성을 아주 자세히 관측하는 데에는 수십 년이 걸릴 수 있다. 우리은하가 만들어진 역사를 완벽하게 구성해내는 것도 마찬가지다. 우리 우주가 왜 점점 더 빠르게 팽창하는지, 애초에 어떻게 팽창을 시작했는지 이해하는 것도 긴 과정이 될 것이다. 하지만 우리는 이 모든 목표를 향해 나아갈 수 있다. 이것은 우리 각자가 작은 기여를 할 수 있는 과정이기 때문이다. 우리는 과학의 선구자들의 어깨 위에 서 있다. 모두 우리가 좀 더 위로 올라갈 수 있는 사다리를 만드는 데 어떤 방식으로든 기여를 한 사람들이다.

우리는 미래를 보며 우리의 도구와 지식을 우리 학생들에게 전해준다. 그리고 우리의 발자취를 따라오는 그들의 성공을 기대하며 50년이나 100년 후에 일어날 수 있는 일을 계획한다. 우리의 과거는 자신들이 꿈꾸는 발견을 하지 못한 천문학자들과 물리학자들의 예측으로 가득 차 있다. 핼리는 금성의 태양면 통과를 보지 못했다. 헤일은 자신의 멋진 망원경이 완성되는 것을 보지 못했다. 츠비키는 중력렌즈를 보지 못했다. 하지만 이것은 실패가 아니다. 이 과학자들은 더 젊은 세대가 자신들의 길을 따라와 그들 자신의 새로운 발견을 할 수 있도록 자극했다.

새로운 발견을 위해 분투하는 우리에게 우리의 과거 경험은 우주와 자연의 법칙에 대한 더 큰 그림에는 아직 큰 수정이 필요할 수도 있다고 말하고 있다. 우리의 관측은 분명한 현실이고 그에 대한 설명은 그럴듯하지만, 우리는 큰 그림에서 변화가 있을 수 있다는 합리적인 가정을 해야만 한다. 가장 흥분되는 발견은 거의 예상을 하지 못했던 것, 그리고 우리가 진실이라고 믿고 있던 것을 급진적으로 바꾸어 궁극적으로 우리의 더 넓은 세상을 더 잘 이해할 수 있게 해주는 것이다. 우리는 그것을 간절히 기대한다.

지구가 우주의 중심이 아니라 태양의 주위를 도는 행성의 하나라는 사실을 우리가 알게 된 지 아직 500년도 되지 않았다. 이것만큼 우주에 대한 인류의 관점을 크게 바꾼 일이 또 있을지 모르겠다. 지구가 태양계의 중심이 아니라면 인간이 세상의 중심이라고 볼 이유도 없다.

태양 안에는 지구가 약 100만 개나 들어갈 수 있고, 태양의 반지름은 지구에서 달까지의 거리보다 더 길다. 그런데 이렇게 어마어마한 규모의 태양조차 우주에서는 특별한 존재가 아니다. 밤하늘에 점으로 보이는 모든 별이 사실은 태양과 비슷한 규모이고, 우리은하에는 태양과 같은 별이 최소 1천억 개나 있다.

우리은하가 우주의 전부가 아니고 우리은하 밖에 또 다른 은하가 있다는 사실을 알게 된 것은 불과 100년 전이다. 우주에는 우리은하와 같은 규모의 은하가 최소한 1천억 개는 있다.

이런 생각을 하다 보면 우주의 규모가 너무 어마어마해서 주눅이 들기도 한다. 1천억 개가 넘는 은하들 중 하나인

은하에서, 그 은하에 있는 1천억 개가 넘는 별들 중 하나인 태양의 주위를 도는 작은 행성에 살고 있는 인간이 얼마나 보잘것없는 존재인지를 절감하게 되는 것이다.

그런데 나에게 더 놀랍게 느껴지는 것은 이렇게 보잘것없는 인간이 우주에 대한 이런 놀라운 사실들을 알게 되었다는 것이다. 불과 100년이 되지 않은 시간 동안 우리는 우주가 138억 년 전에 빅뱅이라는 사건으로 태어나 지금까지 팽창을 계속하고 있으며, 그것은 점점 더 빠르게 이루어지고 있다는 사실을 알게 되었다.

우주에 대해 더 많은 것을 알게 될수록 어마어마한 우주의 규모에 압도되기보다는 우리가 우주를 이만큼이나 알게 되었다는 사실에 더 큰 즐거움을 느낄 수 있다.

이 시대를 대표하는 여성 천문학자 중 하나인 조 던클리의 프린스턴대학 강의를 엮은 이 책은 인류가 우주에 대해서 이해해가는 과정을 잘 보여준다. 우주의 구조와 우리가 우주를 이해하게 된 역사를 살펴보기에 이보다 더 좋은 책은 없을 것이다.

교육자료

이 책에 있는 아이디어 중 일부는 2008년과 2009년에 나사가 지원하여 진행된 '우주에서 우리의 위치' 과정에 참여한 나사의 교육자 린지 바르톨론Lindsay Bartolone과 아일린 레빈Ilene Levine의 도움으로 나온 것이다. 이것은 프린스턴대학의 교원 준비 프로그램이 진행한, 선생님을 위한 전문 과정 퀘스트QUEST의 일부였다. 이 코스들은 하버드-스미소니언 천체물리센터의 우주 포럼 교육자들을 비롯한 많은 과학 교육자들이 개발한 내용으로 진행되었다. 구체적인 예는 다음과 같다.

- 1장에 소개된 태양계의 규모를 줄이는 아이디어는 가이 오트웰Guy Ottewell의 1,000야드 모델The Thousand-Yard Model에서 얻은 것이다.
- 1장에 소개된, 점점 더 커지는 우주의 '왕국'들을 방 크기의 공간에 줄여 넣는 개념은 우주 포럼에서 개발한 '우주의 왕국들Realms of the Universe' 활동에서 사용되었다.
- 2장에서 소개된, 별들을 네 종류로 단순화하는 아이디어는 애들러 천문대의 교육자들이 2001년 '천문학 커넥션: 중력과 블랙홀Astronomy Connections: Gravity and Black Holes' 교육과정으로 개발한 '별의 생애 주기Life Cycle of Stars'라는 활동에서 가져온 것이다.
- 4장에서 소개된, 우주를 고무 밴드 모형으로 만든 아이디어는 하

버드-스미소니언 천체물리센터의 교육자들이 '교사를 위한 천문학 질문 가이드Cosmic Questions Educator's Guide'로 개발한 '팽창하는 우주Expanding Universe'라는 활동에서 얻은 것이다.

참고문헌

Barrow, John, *The Book of Nothing* (London: Vintage, 2001)

Begelman, Mitchell & Martin Rees, *Gravity's Fatal Attraction: Black Holes in the Universe* (Cambridge: Cambridge University Press, 2009)

Close, Frank, *Neutrino* (Oxford: Oxford University Press, 2012)

Coles, Peter, Cosmology: *A Very Short Introduction* (Oxford: Oxford University Press, 2001)

Ferguson, Kitty, *Measuring the Universe* (London: Headline, 1999)

Ferreira, Pedro, *The State of the Universe* (London: Weidenfeld & Nicolson, 2006)

___, *The Perfect Theory* (London: Little Brown, 2014)

Freese, Katherine, *The Cosmic Cocktail* (Princeton: Princeton University Press, 2014)

Haramu ndanis, Katherine (ed), *Cecilia Payne-Gaposchkin* (Cambridge: Cambridge University Press, 1984)

Harvey Smith, Lisa, *When Galaxies Collide* (Melbourne: Melbourne University Publishing, 2018)

Hawking, Stephen, *A Brief History of Time* (New York: Bantam Books, 1988)

Hirshfi eld, Alan, *Parallax* (New York: Freeman & Co., 2001)

Johnson, George, *Miss Leavitt's Stars* (New York: W.W. Norton & Co., 2006)

Lemonick, Michael, *Echo of the Big Bang* (Princeton: Princeton University Press, 2003)

Levin, Janna, *Black Hole Blues* (New York: Alfred A. Knopf, 2016)

_____, *How the Universe got its Spots* (London: Weidenfeld & Nicolson, 2002)

Miller, Arthur I., *Empire of the Stars* (London: Abacus, 2007)

Panek, Richard, *The 4 Percent Universe* (Boston: Houghton Miffl in Harcourt, 2011)

Peebles, P. James, Lyman Page & Bruce Partridge (Eds), *Finding the Big Bang* (Cambridge: Cambridge University Press, 2009)

Sobel, Dava, *The Glass Universe* (London: Penguin, 2016)

Tyson, Neil deGrasse, Michael Strauss & J. Richard Gott, *Welcome to the Universe* (Princeton: Princeton University Press, 2016)

Weinberg, Steven, *The First Three Minutes* (New York: Basic Books, 1993)

Wulf, Andrea, *Chasing Venus*, Knopf, 2012

더 읽을거리

아래의 글 중 많은 것들을 온라인에서 무료로 볼 수 있는데, 특히 SAO/NASA 천체물리학 데이터 시스템 디지털 도서관(adsabs.harvard.edu/abstract_service.html)이나 악시브 이-프린트 서비스 arXiv e-print service(arxiv.org)에서 찾을 수 있다. 자료는 이 책에 나오는 순서대로 실었다.

1장. 우주에서 우리의 위치
'A new method of determining the Parallax of the Sun', E.

Halley, *Phil. Trans. R. Soc. Lond.,* Vol XXIX, No 348, 454 (1716) (p36 reference, translated from Latin)

'A low mass for Mars from Jupiter's early gas-driven migration', K. Walsh et al., *Nature*, 475, 206 (2011)

'Discovery of a Planetary-sized Object in the Scattered Kuiper Belt', M. Brown, C. Trujillo & D. Rabinowitz, *Astroph. Jour.*, 635, 97 (2005)

'Evidence for a Distant Giant Planet in the Solar System', M. Brown & K. Batygin, *Astroph. Jour.*, 151, 22 (2016)

'Gaia Data Release 2. Summary of the contents and survey properties', Gaia Collaboration, *Astron. & Astroph*, 616, A1 (2018)

'1777 variables in the Magellanic Clouds', H. S. Leavitt, *Annals of Harvard College Observatory*, 60, 87 (1908)

'Periods of 25 Variable Stars in the Small Magellanic Cloud', H. S. Leavitt, *Harvard College Observatory Circular*, 173, 1 (1912)

'Globular Clusters and the Structure of the Galactic System', H. Shapley, *Publ. Astron. Soc. Pac.*, 30, 173 (1919)

'NGC 6822, a remote stellar system', E. Hubble, *Astroph. Jour.*, 62, 409 (1925)

'Extragalactic Nebulae', E. Hubble, *Astroph. Jour.*, 64, 321 (1926)

'The Laniakea supercluster of galaxies', R. B. Tully, H. Courtois, Y. Hoff man & D. Pomerade, *Nature*, 513, 71 (2014)

2장. 우리는 별의 잔해

'Spectra of bright southern stars', A. J. Cannon, *Annals of Harvard College Observatory*, 28, 129 (1901)

'On the Relation Between Brightness and Spectral Type in the Pleiades', H. Rosenberg, *Astronomische Nachrichten*, 186, 71 (1910)

'Relations Between the Spectra and Other Characteristics of the Stars', H. N. Russell, *Popular Astronomy*, 22, 275 (1914)

'Stellar Atmospheres; a Contribution to the Observational Study of High Temperature in the Reversing Layers of Stars', C. Payne-Gaposchkin, Doctoral thesis, Radcliff e College (1925)

'The Internal Constitution of the Stars', A. Eddington, *The Observatory*, 43, 341 (1920)

'Energy Production in Stars', H. Bethe, *Phys. Rev.*, 55, 434 (1939)

'The Maximum Mass of Ideal White Dwarfs', S. Chandrasekhar, *Astroph. Jour.*, 74, 81 (1931)

'An extremely luminous X-ray outburst at the birth of a supernova', A. Soderberg et al., *Nature*, 453, 469 (2008)

'Cosmic rays from super-novae', W. Baade & F. Zwicky, *Proc. Natl. Acad. Sci.*, 20, 259 (1934)

'On Super-novae', W. Baade & F. Zwicky, *Proc. Natl. Acad. Sci.*, 20, 254 (1934)

'Energy Emission from a Neutron Star', F. Pacini, *Nature*, 216, 567 (1967)

'Observation of a Rapidly Pulsating Radio Source', A. Hewish, J. Bell, J. Pilkington, P. Scott & R. Collins, *Nature*, 217, 709 (1968).

'Die Feldgleichungen der Gravitation (The Field Equations of Gravitation)', A. Einstein, *Sitzungsberichte der Preussischen Akademie der Wissenschaften zu Berlin*, 844 (1915)

'Observation of Gravitational Waves from a Binary Black Hole Merger', LIGO and Virgo Collaborations, *Phys. Rev. Lett.*, 116, 061102 (2016)

'Discovery of a pulsar in a binary system', R. Hulse & J. Taylor, *Astroph. Jour.*, 195, L51 (1975)

'Multi-messenger Observations of a Binary Neutron Star Merger', B. Abbott et al., *Astroph. Jour. Lett.*, 848, L12 (2017)

'A planetary system around the millisecond pulsar PSR1257+12', A. Wolszczan & D. Frail, *Nature*, 355, 145 (1992)

'A Jupiter-mass companion to a solar-type star', M. Mayor & D. Queloz, *Nature*, 378, 355 (1995)

'Temperate Earth-sized planets transiting a nearby ultracool dwarf star', M. Gillon et al., *Nature*, 533, 221 (2016)

3장. 보이지 않는 것을 보다

'Die Rotverschiebung von extragalaktischen Nebeln (The redshift of extragalactic nebulae)', F. Zwicky, Helvetica Physica Acta, 6, 110 (1933) [Republished in English translation in *Gen. Rel. Gravit.*, 41, 207 (2009)]

'Extended rotation curves of high-luminosity spiral galaxies', V. Rubin, K. Ford & N. Thonnard, *Astroph. Jour. Lett.* 225, L107 (1978)

'The size and mass of galaxies, and the mass of the universe', P. J. Peebles, J. Ostriker, A. Yahil, *Astroph. Jour.*, 193, L1 (1974)

'Survey of galaxy redshifts. II–The large scale space distribution', M. Davis, J. Huchra, D. Latham & J. Tonry, *Astroph. Jour.*, 253, 423 (1981)

'The evolution of large-scale structure in a universe dominated by cold dark matter', M. Davis, G. Efstathiou, C. Frenk & S. White, *Astroph. Jour.*, 292, 371 (1985)

'First results from the IllustrisTNG simulations: matter and galaxy clustering', V. Springel et al., *Mon. Not. Roy. Astron. Soc.*, 475, 676 (2018)

'A Determination of the Defl ection of Light by the Sun's Gravitational Field, from Observations Made at the Total Eclipse of May 29', F. Dyson, A. Eddington & C. Davidson, *Phil. Tran. Roy. Soc.*, 220, 291 (1920)

'Lens-Like Action of a Star by the Deviation of Light in the Gravitational Field', A. Einstein, *Science*, 84, 506 (1936)

'On the Masses of Nebulae and of Clusters of Nebulae', F. Zwicky, *Astroph. Jour.*, 86, 217 (1937)

'0957 + 561 A, B-Twin quasistellar objects or gravitational lens', D. Walsh, R. Carswell & R. Weymann, *Nature*, 279, 381 (1979)

'Multiple images of a highly magnifi ed supernova formed by an early-type cluster galaxy lens', P. Kelly, *Science*, 347, 1123 (2015).

'Detection of the Free Neutrino: a Confi rmation', C.Cowan, F. Reines, F. Harrison, H. Kruse & A. McGuire, *Science*, 124, 103 (1956)

'Solar Neutrinos: A Scientifi c Puzzle', J. Bahcall & R. Davis, *Science*, 191, 264 (1976)

'Evidence for Oscillation of Atmospheric Neutrinos', Super-Kamiokande Collaboration, *Phys. Rev. Lett.*, 81, 1562 (1998)

'Direct Evidence for Neutrino Flavor Transformation from Neutral-Current Interactions in the Sudbury Neutrino Observatory', SNO Collaboration, *Phys. Rev. Lett.*, 89, 011301 (2002)

'A Direct Empirical Proof of the Existence of Dark Matter', D. Clowe et al., *Astroph. Jour.*, 648, L109 (2006)

4장. 우주의 본성

'Über die Krümmung des Raumes (On the curvature of space)', A.Friedmann, *Zeitschrift für Physik*, 10, 377 (1922)

'Un Univers homogène de masse constante et de rayon croissant rendant compte de la vitesse radiale des nébuleuses extragalactiques (A homogeneous universe of constant mass and increasing radius accounting for the radial velocity of extragalactic nebulae)', G. Lemaître, *Annales de la Société Scientifi que de Bruxelles*, A47, 49 (1927) [Partial translation in *Mon. Not. Roy. Astron. Soc.*, 91, 483-490 (1931)]

'Spectrographic Observations of Nebulae', V. Slipher, *Popular*

Astronomy, 23, 21 (1915)

'A Relation between Distance and Radial Velocity among Extra-Galactic Nebulae', E. Hubble, *Proc. Natl. Acad. Sci.*, 15, 168 (1929)

'The extragalactic distance scale. VII–The velocity-distance relations in diff erent directions and the Hubble ratio within and without the local supercluster', G. deVaucouleurs & G. Bollinger, *Astroph. Jour.*, 233, 433 (1979)

'Steps toward the Hubble constant. VIII–The global value', A.Sandage & G. Tammann, *Astroph. Jour.*, 256, 339 (1982)

'Final Results from the Hubble Space Telescope Key Project to Measure the Hubble Constant', W. Freedman et al., *Astroph. Jour.*, 553, 47 (2001)

'Evolution of the Universe', R. Alpher & R. Herman, *Nature*, 162, 774 (1948)

'A Measurement of Excess Antenna Temperature at 4080 Mc/s', A. Penzias & R. Wilson, *Astroph. Jour.*, 142, 419 (1965)

'Cosmic Black-Body Radiation', R. Dicke, P. J. Peebles,P. Roll & D.Wilkinson, *Astroph. Jour.*, 142, 414 (1965)

'Infl ationary universe: A possible solution to the horizon and fl atness problems', A. Guth, *Phys. Rev.* D, 23, 347 (1981)

'Bouncing cosmology made simple', A. Ijjas & P.Steinhardt, Class. *Quantum Grav.*, 35, 135004 (2018)

'A fl at Universe from high-resolution maps of the cosmic microwave background radiation', F. de Bernardis et al., *Nature*, 404, 955 (2000)

'MAXIMA-1: A Measurement of the Cosmic Microwave Background Anisotropy on Angular Scales of 10'-5°', S. Hanany et al. *Astroph. Jour.*, 545, L5 (2000)

5장. 시작부터 마지막까지

'The Origin of Chemical Elements', R. A. Alpher, H. Bethe & G.

Gamow, *Phys. Rev.* 73, 803 (1948)

'Primeval Helium Abundance and the Primeval Fireball', P. J. Peebles, *Phys. Rev. Lett.*, 16, 410 (1966)

'Cosmic Black-Body Radiation and Galaxy Formation', J. Silk, *Astroph. Jour.*, 151, 459 (1968)

Primeval Adiabatic Perturbation in an Expanding Universe, P. J. E. Peebles & J. Yu, *Astroph. Jour.*, 162, 815 (1970)

'Structure in the COBE diff erential microwave radiometer firstyear maps', G. Smoot, C. Bennett, A. Kogut, E. Wright et al., *Astroph. Jour.*, 396, L1 (1992)

'Massive Black Holes as Population III Remnants', P. Madau & M. Rees, *Astroph. Jour.*, 551, L27 (2001)

'On the Density of Neutral Hydrogen in Intergalactic Space', J. Gunn & B. Peterson, *Astroph. Jour.*, 142, 1633 (1965)

'Evidence for Reionization at z~6: Detection of a Gunn-Peterson Trough in a z=6.28 Quasar', R. Becker et al., *Astron. Jour.*, 122, 2850 (2001)

'Galaxy correlations on large scales', S. Maddox, G.Efstathiou, W.Sutherland & J. Loveday, *Mon. Not. Roy. Astron. Soc*, 242, 43 (1990)

'Observational Evidence from Supernovae for an Accelerating Universe and a Cosmological Constant', A. Riess et al., *Astroph. Jour.*, 116, 1009 (1998)

'Measurements of Ω and Λ from 42 High-Redshift Supernovae', S.Perlmutter et al., *Astroph. Jour.*, 517, 565 (1999)

'The cosmological constant and cold dark matter', G. Efstathiou, W. Sutherland & S. Maddox, *Nature*, 348, 705, 1990

'First-Year Wilkinson Microwave Anisotropy Probe (WMAP) Observations: Determination of Cosmological Parameters', D. Spergel et al., *Astroph. Jour. Supp.*, 148, 175 (2003)

OUR UNIVERSE
An Astronomer's Guide